姚德雄 著

旅館產業的開發與規劃

張序

　　觀光事業的發展是一個國家國際化與現代化的指標，開發中國家仰賴它賺取需要的外匯，創造就業機會，現代化的先進國家以這個服務業為主流，帶動其它產業發展，美化提昇國家的形象。

　　觀光活動自第二次世界大戰以來，由於國際政治局勢的穩定、交通運輸工具的進步、休閒時間的增長、可支配所得的提高、人類壽命的延長及觀光事業機構的大力推廣等因素，使觀光事業進入了「大眾觀光」（Mass Tourism）的時代，無論是國際間或國內的觀光客人數正不斷的成長之中，觀光事業亦成為本世紀成長最快速的世界貿易項目之一。

　　目前國內觀光事業的發展，隨著國民所得的提高、休閒時間的增長、以及商務旅遊的增加，旅遊事業亦跟著蓬勃發展，並朝向多元化的目標邁進，無論是出國觀光或吸引外籍旅客來華觀光，皆有長足的成長。惟觀光事業之永續經營，除應有完善的硬體建設外，應賴良好的人力資源之訓練與培育，方可竟其全功。

　　觀光事業從業人員是發展觀光事業的橋樑，它擔負增進國人與世界各國人民相互了解與建立友誼的任務，是國民外交的重要途徑之一，對整個國家的形象影響至鉅，是故，發展觀光事業應先培養高素質的服務人才。

　　揆諸國內觀光之學術研究仍方興未艾，但觀光專業書籍相當缺乏，因此出版一套高水準的觀光叢書，以供培養和造就具有國

際水準的觀光事業管理人員和旅遊服務人員實刻不容緩。

今欣聞揚智出版公司所見相同,敦請本校觀光事業研究所李銘輝博士擔任主編,歷經兩年時間的統籌擘劃,網羅國內觀光科系知名的教授以及實際從事實務工作的學者、專家共同參與,研擬出版國內第一套完整系列的「觀光叢書」,相信此叢書之推出將對我國觀光事業管理和服務,具有莫大的提昇與貢獻。值此叢書付梓之際,特綴數言予以推薦,是以為序。

中華文化大學董事長
張鏡湖

叢書序

　　觀光事業是一門新興的綜合性服務事業，隨著社會型態的改變，各國國民所得普遍提高，商務交往日益頻繁，以及交通工具快捷舒適，觀光旅行已蔚為風氣，觀光事業遂成為國際貿易中最大的產業之一。

　　觀光事業不僅可以增加一國的「無形輸出」，以平衡國際收支與繁榮社會經濟，更可促進國際文化交流，增進國民外交，促進國際間的瞭解與合作。是以觀光具有政治、經濟、文化教育與社會等各方面為目標的功能，從政治觀點可以開展國民外交，增進國際友誼；從經濟觀點可以爭取外匯收入，加速經濟繁榮；從社會觀點可以增加就業機會，促進均衡發展；從教育觀點可以增強國民健康、充實學識知能。

　　觀光事業既是一種服務業，也是一種感官享受的事業，因此觀光設施與人員服務是否能滿足需求，乃成為推展觀光成敗之重要關鍵。惟觀光事業既是以提供服務為主的企業，則有賴大量服務人力之投入。但良好的服務應具備良好的人力素質，良好的人力素質則需要良好的教育與訓練。因此觀光事業對於人力的需求非常殷切，對於人才的教育與訓練，尤應予以最大的重視。

　　觀光事業是一門涉及層面甚為寬廣的學科，在其廣泛的研究對象中，包括人（如旅客與從業人員）在空間（如自然、人文環境與設施）從事觀光旅遊行為（如活動類型）所衍生之各種情狀（如產業、交通工具使用與法令）等，其相互為用與相輔相成之關

係（包含衣、食、住、行、育、樂）皆為本學科之範疇。因此，與觀光直接有關的行業可包括旅館、餐廳、旅行社、導遊、遊覽車業、遊樂業、手工藝品以及金融等相關產業等，因此，人才的需求是多方面的，其中除一般性的管理服務人才（例如會計、出納等），可由一般性的教育機構供應外，其它需要具備專門知識與技能的專才，則有賴專業的教育和訓練。

然而，人才的訓練與培育非朝夕可蹴，必須根據需要，作長期而有計畫的培養，方能適應觀光事業的發展；展望國內外觀光事業，由於交通工具的改進，運輸能量的擴大，國際交往的頻繁，無論國際觀光或國民旅遊，都必然會更迅速的成長，因而今後觀光各行業對於人才的需求自然更為殷切，觀光人才之教育與訓練當愈形重要。

近年來，觀光學中文著作雖日增，但所涉及的範圍郤仍嫌不足，實難以滿足學界、業者及讀者的需要。個人從事觀光學研究與教育者，平常與產業界言及觀光學用書時，均有難以滿足之憾。

基於此一體認，遂萌生編輯一套完整觀光叢書的理念。適得揚智文化事業有此共識，積極支持推行此一計畫，最後乃決定長期編輯一系列的觀光學書籍，並定名為「揚智觀光叢書」。依照編輯構想，這套叢書的編輯方針應走在觀光事業的尖端，做為觀光界前導的指標，並應能確實反應觀光事業的真正需求，以作為國人認識觀光事業的指引，同時要能綜合學術與實務操作的功能，滿足觀光科系學生的學習需要，並可提供業界實務操作及訓練之參考。因此本叢書將有以下幾項特點：

(1)叢書所涉及的內容範圍儘量廣闊，舉凡觀光行政與法規、自然和人文觀光資源的開發與保育、旅館與餐飲經營管理實務、旅行業經營與導遊和領隊的訓練等各種與觀光事業相關課程，都在選輯之列。

(2)各書所採取的理論觀點儘量多元化，不論其立論的學說派

別，只要是屬於觀光事業學的範疇，都將兼容並蓄。

(3)各書所討論的內容，有偏重於理論者，有偏重於實用者，而以後者居多。

(4)各書之寫作性質不一，有屬於創作者，有屬於實用者，也有屬於授權翻譯者。

(5)各書之難度與深度不同，有的可用作大專院校觀光科系的教科書，有的可作為相關專業人員的參考書，也有的可供一般社會大眾閱讀。

(6)這套叢書的編輯是長期性的，將隨社會上的實際需要，繼續加入新的書籍。

身為這套叢書的編者，謹在此感謝中國文化大學董事長張鏡湖博士賜序，產、官、學界所有前輩先進長期以來的支持與愛護，同時更要感謝本叢書中各書的著者，若非各位著者的奉獻與合作，本叢書實難以順利完成，內容也必非如此充實。同時，也要感謝揚智文化事業執事諸君的支持與工作人員的辛勞，才使本叢書能順利的問世。

李銘輝　謹識
中華民國八十五年十月於
中國文化大學觀光事業研究所

序

我喜歡藝術創作，也喜歡運用藝術概念的設計工作。

1965 年也許是一種機緣，當時台灣的社會正處於政府的第四期台灣經濟建設計畫執行之中，僑外投資逐漸蓬勃，各種產業的開發處處都需要人才，當時若從事藝術創作仍是相當艱苦的事情。在一個偶然的機會，加入中泰賓館新建工程的最後建築裝修工程監造工作，時間雖然很短，但可以強烈的感受到這種旅館事業的多元化和多層次性的震撼。後來白天在廣告公司工作，夜間在國賓飯店的夜總會兼差，配合每兩天變化一次的節目，製作廣告新聞稿，進出之間也感覺到這種行業的新鮮感。

在 1967 年，在協助張木養先生（民俗藝術家）為省政府交通處觀光局製作松山機場的觀光旅館廣告，和製作當年度的觀光展覽後，有一個機會承張老師推薦為統一大飯店金蘭廳的改裝工程提供設計服務，認識總工程師陳世澤先生，他是統一大飯店的原始規劃設計者，也是一位建築設計師，承他的提攜後來加入他們的工作團隊，專門從事旅館的整體開發規劃及設計的工作，但當時仍僅以旅館的建築及設備等硬體設施為主，與旅館的經營軟體關係仍停留在平行協商階段。當時參與的代表性工作：高雄華王大飯店、台北統一大飯店第二期及第三期工程、台北圓山大飯店、高雄大統百貨公司及台北希爾頓飯店等工程。

在前面所述的旅館工程工作期間，多次參與工作檢討和協商，及後來在現場工程協調時，學會了調整自己的工作角度，就

是旅館的開發工作是一種概念的開發和軟體的運作需要,才以硬體作為具體的表現。而不是硬體的規劃設計有多麼優秀或創意,再進行裝修和旅館事業經營的。在旅館開幕經營後,也有多次機會參加營業檢討會議,從實務的運作中又學習和體會許多「做什麼」(What)、「如何做」(How)的關係和「為什麼」(Why),也參與許多不同的專案,與不同經驗的旅館前輩們(不論其為何種職務),學習到許多從事硬體設計者無法體會到的事物。

1975 年起為台灣第二波旅館投資開發期,當時的政府正推動十大建設及第六期台灣經濟建設四年計畫,為出口導向期的尖峰,國外各種產品的買主絡繹於途,而且在旅館事業因希爾頓國際系統的加入,旅館業真正邁入國際化時期。政府獎勵融資觀光旅館事業,部分投資者又遇到房地產低潮期,紛紛轉入旅館開發行逕。財神酒店、嘉年華飯店(今力霸飯店)、三普飯店(今亞太飯店)等,均為房地產規劃改裝成旅館的。當時的規劃設計作業,借助第一波旅館設計的經驗,在設計之前已經有比較精密的計畫,包括:市場情況、產品計畫、建築規劃等作業。1978 年在規劃設計台北亞都大飯店時,我遇到了 Mr. Ernesto Barba,他是第一任台北希爾頓飯店的執行副總經理,對於台灣旅館業的國際化曾經投入許多心力與貢獻,當時他受聘為亞都大飯店的總經理。與他合作工作當中,他對於有興趣從事旅館事業後生晚輩的提攜,可謂投注心力來啟發與教育,雖然充滿急躁的義大利人脾氣,但人情味的處事方法仍使人感到溫馨。在亞都籌備與他一起工作期間,我確實學習到許多到目前仍感受益匪淺的專業觀念與工作方法。後來他回到歐洲加入法國航空的 Meridien 旅館系統,後又來往於台灣與歐洲之間,期間多次和他合作旅館開發業務之評估工作,一直到 1994 年四月底他去世前,仍然保持密切的聯繫,他是帶領我從硬體進入軟體的人,感謝他、懷念他。

從工作中,使用原來藝術教育的訓練背景,體會出概念的運用與工作方法。也就是說,運用藝術創作的概念,加上旅館事業

開發、規劃及設計的實務經驗，理性的分析和感性的形象包裝，表現出「人本」的使用與服務，這將是未來我們要追求的境界。承蒙銘輝兄推薦和督促，使我有機會將這三十年來的經驗和心得留一點記錄。也感謝多年來辦公室工作的夥伴：楊培良小姐領導同仁們的協助。事業工作夥伴的廖昭平兄、吉川和男兄（Mr. K. Yoshikawa, Guam Palace Hotel 社長）、Mr. George S. Berean（美國 WAT & G 副總裁）、Mr. Maurice Giraud（模理西斯的法裔建築師），慷慨提供他們寶貴的經驗，特致誠摯的感謝。

姚德雄

Anthony T. Yao

目 錄

貳、旅館產業開發計畫內容　39

旅館開發方案計畫　41

旅館規劃與經營管理　61

旅館規劃與財務分析　87

感謝

　　本書部分圖片版權非屬揚智文化事業股份有限公司所有，在此除註明版權所屬外，尚一併申謝（依頁數排列順序）：

Guam Palace Corp., Mr. Yoshikawa：P.131，152，299，300，301。

知本老爺大酒店：P.147，148，310〔下〕，311。

台北老爺大酒店：P.149，150，308，309。

WATG, Mr. Berean：P.293，294，295，296，297，298。

互助營造股份有限公司：P.302，303。

Mr. Maurice Giraud, Architect：P.304，305，306，307。

呂啓州先生〔知本老爺大酒店〕：P.310〔上〕。

壹

緒論

　　旅遊事業（Hospitality Industry）是新興的綜合性事業，觀光產業是旅遊事業的最重要環節之一，而旅館產業（Hotel Industry）正含蓋在整體旅遊事業結構上觀光與一般旅遊關係的重要經營設施。旅館產業本身所含蓋的範疇包括：銜接上游的市場定位、業務行銷；下游的營運服務和後場（Back Yard）的經營管理、人力資源開發與組訓等，整體的業務以一個實質的硬體建築設備爲中心來運作。在整個運作過程中，是以「人」和「石頭」的資源結合爲「旅館產業」具體表現，從有形的豪華旅館建築和環境景觀氣氛的營造，到親切的接待和服務；從理性的規劃和經營組織，到感性的格調氣氛設計和噓寒問暖的溫馨關懷；從親切接待到客房舒適佈置、美味餐飲服務，到戶外遊憩設施和據點旅遊的安排等，這就是旅館產業。

　　觀光旅遊、商務旅遊或探親和求學的旅行，旅館所扮演的是「家」的角色。一個非常溫馨的家，除提供客人住宿和飲食外，安全、睡眠、旅遊、購物、聚會、文化關係活動、甚至醫療服務等，都是旅館必備的重要常設之服務功能。要提供如此多樣化的功能，旅館在規劃階段時，必須有較爲廣泛的深度考量。市場定位（Marketing Plan & Concept）是影響旅館整體事業設定的最重要因素，無論是新開發的旅館或已經在市場營運的舊旅館，都需要在未來市場中尋找定位，才能夠設定或調整旅館的硬體設施、規模、專業配置關係和彈性需求的預留等，以及經營軟體的經營組織、人員編制規模、運作方法、財務規劃、企業形象、行銷方向等的設定和執行。所以旅館產業的規劃不是只以具象的硬體爲主，必須對相關的上游觀念和下游的執行作業有完整的概念後，才能在對自己在整體作業中找到正確的定位，使在執行各階段作業中扮演好最合適的角色。

　　本書所要呈現的主題是：旅館產業中扮演具象實體和討好角色的硬體——旅館建築設施。旅館建築設施有如一座小型城市，

它具有公共行政、財務管理、住宿及餐飲服務、安全警衛、各種工程設備、各種會議和活動場所、多樣式的商店、交通旅遊服務、游泳池和庭園景觀佈置等，幾乎一個都市裡面的所有功能均已經具備，只是規模小一點兒而已。從事建築設計者若從一般房地產的角度切入旅館設計，通常會有相當大的概念誤差，因爲旅館的市場行銷賣點是「服務」、「形象」和「附加價值」；而房地產業賣的是「面積」和「地段」，土地是成本與地上物一起分割出售的產品；而旅館的房價和服務消費賣的是「親切服務」、「風格形象」和前兩項動作所衍生出來的「附加價值」商品，這個價值是無形的，是市場供需自然調節的，它不賣土地，土地是產業的固定資產，所以旅館產業的投資中「土地」是不被計入成本的，旅館規劃時建築樓地板的最大面積設計並不是最需要的。

本書將從一個旅館規劃專業經驗者的角度，配合各種形式旅館和不一樣的市場定位來作概念說明，並將其相關周邊的軟硬體關係作廣泛提示，作爲讀者考量的參考。主要分爲下列幾個部份：第一部份，緒論。第二部份，旅館產業開發計畫內容。第三部份，旅館開發方案的工作方法。第四部份，旅館設施規劃與設備標準。第五部份，結語。附錄部份。

第 1 章

旅館產業的定義與沿革

旅館產業的內涵

旅館產業是旅遊事業體系中最重要的基地據點設施,從基地據點設施中發展出「點」與「點」之間的各種活動,就是整體旅遊事業的「面」,所以旅館產業是旅遊事業的重要基礎。而旅館產業中,又分出「軟體」的經營管理與「硬體」的旅館建築與周邊設備,為旅館經營的整體產業運作需要而規劃出來,因為旅遊活動是社會「人文生活」的平常表現,是人類社會經濟活動主要重點之一,所以在作計畫考量時,其規模和性質就是一個綜合性「都市」的縮影,也就是說它是一個「迷你都市」。

旅館產業的內涵有三個要素:第一是「人」的使用消費與經營管理,為旅館產業的「主體」。因應社會的進步、交通貿易的頻繁和各種「旅客」的不同需求,消費形態日趨多元化,則逐漸形成「旅館產業市場」,有市場需要即有投資建設與經營管理,投資建設與後續的長期經營管理和服務,也都完全是「人」的社會行為,所以「人」為構成旅館產業的「主體」要素。第二是硬體設施與經營的直接成本,是產業構成的「客體」。硬體設施即旅館建築及其周邊設備,為旅館產業投資的資產;旅館管理與服務所需的直接成本是軟體的消耗性成本,有如汽車的基本油料一樣,為產業的「客體」。第三是市場行銷與公共關係,為產業的「媒體」。旅館產業的商品並不非常「具象」,也不能以數量或面積來計算,它是一種在市場中尋找定位作為經營政策的依據,然後依據定位的政策來規劃未來商品。在推廣時是以它的商品「原創性」和「市場商品區隔」為訴求,尋取消費者的使用認同,則公共關係的「旅館企業形象」創造和市場形象的建立,就是最重要的媒體手段。

從旅館產業的構成要素分析中,可以很容易的了解到產業的

內涵，再加上時間空間的移動關係，就構成一組完整體系的旅館產業活動，旅館產業的開發與建築設備的規劃，完全以產業活動的未來長期市場適應需求為要件，所以它的規劃與設計是不能與產業計畫整體功能脫節的。

旅館產業的特質

在旅館產業的投資與計畫之前，必須先了解旅館產業行業的特質，它和其它事業投資的行業特質上有著許多的差異，這種差異也往往構成徒有資金的企業家只看到產業的表相和獲利報告就貿然投入，疏忽旅館產業的特質而陷於泥淖之中。

一般性的特質

服務性

法國的政治經濟學者富哈史第（J. Fourastie）曾說過：「產業分級能代表一個國家經濟發展的階段。現代經濟發展的趨勢應是往第三級產業的服務業發展，以販賣『個人服務』為主的觀光旅館，就是屬於這第三級的典型服務產業」。旅館內每一位從業人員的服務都是直接出售的商品，服務品質的好壞，都直接影響全體旅館的形象；旅館經營客房出租、餐飲供應並提供會議廳、夜總會和三溫暖、健身房等有關設施，主要為了服務旅客，以旅客的最大滿意為依歸，因此旅館服務水準乃是其經濟發展之要件。

綜合性

旅館有家庭的功能，讓旅行者在投宿旅館時，就像回到自己家裡一樣方便，除住宿、三餐飲食外，並能維護旅客生命財產的安全。另外有許多事，例如，銀錢兌換、介紹安排旅遊、代訂機票、車票等都可以在旅館內解決與獲得滿足，因此有人稱旅館為

「家外之家」；另一方面，旅館也是社交、文化活動的中心，以及娛樂場所，所以其功能是綜合性的。

豪華性

除一般的家庭式旅店經營形態者外，旅館的另一特徵是建築物與內部設施的舒適豪華，尤其是標榜觀光特性的旅館，為達到它的經營的區隔定位，設施往往豪華高貴富麗堂皇。高大宏偉現代化或具有地方特色且裝飾精緻的建築外觀，舒適悅目的館內陳設，除了能表現一個地區或一個國家的文化藝術外，更是吸引旅客住宿的最佳誘因。因此，旅館業者都不惜耗費巨資推陳佈新，永遠保持建築物、設備，以及用品之嶄新。

公用性

一般旅館的主要任務是對旅客提供住宿與餐飲；而觀光旅館更另外提供集會或開會的公共場所，以及任何人都可以自由進出的大門廳及會客廳。尤其是觀光旅館為發揮其特性功能，設有廣闊而富麗堂皇的接待空間乃屬必要的，這也是其所擔負的時代使命之一。

無歇性

旅館的服務是一年三百六十五天，一天二十四小時全天候的服務，不論是三更半夜或例假節慶、或是刮風下雨的惡劣氣候，其所提供的服務不僅需要安全可靠，並且需要熱忱和親切，使旅客體驗到愉快和滿足。

經濟性的特質

商品不可儲存和高廢棄性

旅館業基本上是一種「勞務」提供事業，勞務的報酬以次數或時間計算，時間一過，其原本可有的收益，因沒有使用其提供之勞務而不能實現。舉例來說：旅館的客房若無人來投宿，翌日天一亮則其商品形同廢物，無法把賣不出去的客房商品庫存至第

二天再賣，遊樂設施若當天無人利用亦等於閒置。

無法短期供應

興建旅館須要大量的經費，尤其是觀光旅館更須要龐大的資金，由於資金的籌措不易，而且施工期間較長，短期內客房供應無法很快地適應市場需求變動，因此短期內的旅館商品供給是無彈性的。就個別旅館而言，旅館房租收入金額以客房全部出租爲最大限度，旅客再多也無法臨時增加客房而增加收入。

資本密集且固定成本高

旅館的興建位置與交通要件息息相關，尤其是觀光旅館的地點，往往在交通方便、繁榮的市區，其地價自然昂貴，建築物又講究富麗堂皇、具藝術性，館內設備講求時髦與現代化，因此於開幕前必須投入巨大資金，這些固定資產的投資，佔總投資額的八成至九成。由於固定資產投資比率大，其利息、折舊與維護費用的負擔相當重；另外開業後尚有其他固定及變動成本之支出，因此提高設備之使用率是非常重要的。

受地理位置之影響

旅館的建築物，興建在某一地方就是固定的，它無法隨著住宿人數之多寡而移動，旅客要投宿就必須到有旅館的地方，所以旅館產業的投資受地理位置的限制很大，投資評估及可行性研究是很重要的。

需求的波動性

旅館的市場需求受外在環境例如，政治動盪、經濟景氣、國際情勢、航運便捷、社會結構等因素影響很大。旅遊或觀光的旅客不僅有季節性，還有區域性。以臺灣地區的旅館使用狀況來說，根據歷年統計歸納：國際性觀光旅客以每年三、四月和十、十一月住用率爲最高；國際性商務旅客以四至七月爲最高。國內旅客的旅館住用率以渡假旅遊的年假、寒假、春假及暑假爲最高；六月份普遍較低。國內商務旅客除過年前後較低外，其餘月

份於都會區旅館來說都還算平均。

需求性的多重性

旅館的住宿有外籍旅客也有本國籍旅客，其旅遊目的和動機各有不同，而經濟、文化、社會、心理背景亦各有迥異，所以旅館所面臨之市場需求遠較一般商品為複雜。

旅館產業的歷史沿革

旅館產業的簡史

宿處（Lodging）時代：古文明時代至十八世紀中葉

溯自古文明時代由希臘的斯巴達人在舉行城邦奧林匹克運動會期間，即為各邦選手代表建立迎賓館；中國在商、周、春秋、戰國時代，各諸侯的政治、經濟、文化交流頻繁，在各邦首府及重鎮亦都有驛館等設施接待政要、客商。羅馬帝國初期也沿襲希臘遺風，為便利國勢範圍往來賓客和商賈，在首府及重要城鎮，也設有國賓館及一般賓館，當時稱呼這種提供住宿服務設施為mansiones。羅馬帝國淪亡之後，基督教文明盛行及為宗教修行的修道院的建立，也兼容有為商旅服務的性質。隨著基督教的多次東征，及阿拉伯文明的商務貿易推廣，東西文化產生交流，長途的商賈旅遊和交易行為，對實質的住宿行為要求更為豐富，但均為小規模的獨力經營。

大旅館（Grand Hotel）時代：十八世紀末葉至十九世紀後半

從法國大革命形成「市民階級」到「產業革命」蒸汽車、船等大型運輸工具的建立，社會結構的改變及進步，在市場的功能需求上，也逐漸加入各種裁判會議及國際談判，旅館規模因應時代的需要也逐漸擴大功能，1832 年在美國波士頓的 Tremont House 最先建一人一室的現代標準具私密性的客房，但仍以獨立

經營爲主。英語的 hotel 和法語的 hôtel 均沿自拉丁語 hospes，意指在外旅行者或旅客與提供住宿主人相遇的意味，後來延伸語爲 hospitalis，以誠摯的手握著形容接待。旅館的正式統稱和使用，是 1850 年巴黎的 Grand Hotel 爲名，以後的業者均沿襲使用。

商業旅館（Commercial Hotel）時代：二十世紀初期至中葉

十九世紀末美國修築東西橫貫鐵路，大西洋兩岸歐美大陸地區因飛機、電報、電話的發明和普及，商務旅行活動頻繁經濟發達。旅館業者因應市場的需求，即開始有連鎖經營的方式出現，成本觀念傾向薄利多銷；重視硬體設施，設備規劃逐漸走向標準化、便利化。希爾頓旅館連鎖經營系統就是當時最有名的旅館系統之一，但仍以美國國內都會區間重點連鎖經營爲主，國際連鎖是二十世紀末葉的事。

新時代旅館：二十世紀後半迄今

第二次世界大戰後進入東西冷戰時期，美國因國勢強盛以領導者自居，隨著美軍的駐防和經濟協助，美式經濟文化模式影響全世界，尤其是亞洲國家地區。而美國旅客夾其強大的經濟優勢散佈世界各旅遊重點，接著美式旅館事業也在全球各重要據點尋求投資或合作經營，其科學化的理性管理模式和多樣化的經營經驗，影響各國業者，也因此在60年代逐漸激盪出國際認同的「制式管理」（Uniform System）模式。旅館市場的使用者已經很平民化、普及化和國際化，以商務及觀光旅遊爲主，當地的國內旅遊消費者也在市場佔有重要比例；旅館投資多以大資本居多，硬體設備的泛用化，使用功能更趨多元化，並重視用途開發；連鎖經營組織與獨立經營設施和平共存。

時代區分	主要使用者	投資者關心	經營方針性向	組織	設施的趨向	代表性的經營者
宿處時代	宗教、經濟、政治及軍事性動機的旅行者	慈善、關懷、自然發生的接待	社會性的義務	獨立小規模	最基本的必要條件	
大旅館時代	特權富豪階級	社會名譽	王侯貴族的趣味取向附加價值上的增大	獨立大規模豪華富麗		César Ritz A. Escoffier
商業旅館時代	商務旅行者	中小資本投資，追求利潤	注重成本管理，薄利多銷	連鎖經營，整體價值的追求	設備標準化、便利化，重視硬體	E. Statler Conrad Hilton
新時代旅館	商務、觀光旅行者 當地居住的人民	大資本投入多功能目的，社會福利	市場導向定位多角化經營	連鎖經營和獨立經營並存	設施泛用化，注重用途開發	

旅館產業發展史，各階段沿革簡表

臺灣地區旅館產業簡史

　　臺灣地區的開發在 1642 年荷蘭人佔領臺南，才正式進入歷史時期。雖然顏思齊和鄭芝龍早在 1622 年即佔領臺西地方，打開了福建飢荒難民的移民之門，但因無統治管理即作鳥獸散。早期臺灣的統治者：荷蘭時期 1624-1661、明鄭時期 1661-1683、滿清時期 1683-1895，這三個時期對臺灣的經濟發展並無具體的建設，只有滿清管理末期 1885-1892 臺灣建省，劉銘傳治臺期間才有一些比較積極的建設，可是 1895 年甲午戰爭滿清戰敗，將臺灣割讓給日本，臺灣進入日本殖民地時代 1895-1945，直到第二次世界大戰結束，日本投降臺灣才得以光復，回歸中華民國政府統治。
　　旅館產業的形成是因經濟活動的需要而建立市場，其發展過

程與世界其他地區的經濟發展模式相像，在時間上分爲幾個階段：

宿處階段

也就是配合早期荷蘭及明鄭各時代的社會情況，提供最基本的旅遊宿處服務設施，但各時期在程度上因社會經濟狀況，其設施程度有所不同。基本上都以統舖方式提供住宿形態，盥洗設備及餐飲服務均分開設置。

滿清時期

配合各港口的開埠，均有一些零星的旅店開設於港埠市街，早期的臺南府城及 1860 後期的淡水通商後，外商雲集帶給艋舺的繁榮，各種「客棧」提供住宿服務，盥洗則以「公共淋浴」簡陋設施而已。

日據時期

早期仍沿襲清代的情事，後期則因明治維新引進西方觀念的影響，在臺北地區於滿清割台後，1900 年代就已經營業的一些老店，有的冠上 Hotel、有的改稱「旅社」。到 1930 年代才有正式西洋裝飾的三層洋樓「鐵道飯店」——專業旅館 Hotel 的出現，以「飯店」爲正式稱呼來區隔原有的「旅社」，歐式的獨立客房、附設浴缸及蹲式便器，男服務員穿著白衫黑褲的制服，還有西餐廳、咖啡廳、大小宴會場所、撞球室及理髮室等，內部裝修，餐具都很講究。但因應殖民統治和日式生活習慣，和式的榻榻米統舖式「旅館」也很多。主要的高級旅館均爲配合交通管理而建設的，如前述的臺北「鐵道飯店」、臺南「鐵道飯店」、日月潭「涵碧樓」招待所等，卻屬於政府交通機構管理的餐旅單位。市場形態初具規模，但經濟條件尙未普及，只是服務一些政府高級官員的出差及社會上的巨商聚會。

光復初期（1945-1950）

因戰爭的破壞，經濟蕭條百業待舉，除少部份因戰爭毀壞無法使用者例如，臺北鐵道飯店，其它均沿用日據後期設施，但業

務上除一般餐旅服務外，也擴大提供一些機票和船票、旅行導遊等旅行社業務出現。而政府經營的「臺灣旅行社」於 1949 年成立圓山大飯店的前身「臺灣大飯店」，客房 33 間。

保臺時期（1951-1961）

國民政府遷臺、韓戰發生，臺灣海峽及遠東地區陷入危機，美國以臺灣保護者出現，國府為了接待國際貴賓，成立「中國之友社」（客房 40 多間附設有保齡球道）、「自由之家」（客房 27 間），1952 年改建「臺灣大飯店」為「圓山大飯店」，1956 完成「金龍廳」（客房 36 間），1958 年完成「翠鳳廳」（客房 24 間），1963 年完成「麒麟廳」（客房 70 間），為代表中國傳統的宮殿式建築，氣派非凡，並附設游泳池與網球場，為當時最具代表性的旅館。當時正處於中共軍事犯臺威脅的危機中，一切以政治統治為主導，經濟的改革和復興計畫才完成初期建設，民間建設或經濟活動尚無能力投資，旅遊活動只有學生的「遠足」程度而已。溫泉旅館是當時唯一渡假「遠足」的目的設施，最有名的是草山（陽明山）、北投的溫泉旅社，沿襲日式形態旅館，規模不大但也總共二十幾家，較為馳名也很大眾化。其它例如，宜蘭的礁溪、臺南縣關子嶺、屏東縣四重溪及臺東縣知本等地也以溫泉「遠足」渡假聞名。

觀光旅館時期（1962-1972）

臺海形勢因美國的介入已較穩定，政府致力於多期的經濟建設計畫，並獎勵華僑回國投資，交通建設及旅遊設施投資。國內的經濟從 60 年代初期，因社會經濟的穩定成長，政府於 1957 年開始推展觀光事業，1964 年「中華民國旅館事業協會」成立，業者陸續投資一些小規模的都會區地方性旅館，最具代表性的是臺北市「中國大飯店」、「國際大飯店」；而政府為了招待到南部參觀的貴賓，也在 1957 年高雄市愛河畔成立「圓山大飯店」。而海外華僑為響應政府獎勵投資政策，1959 年泰國華僑在高雄投資成立「華園大飯店」，經二次擴建現有客房 303 間，為國內最早股

票上市的旅館。1962 年臺北市由菲律賓華僑投資興建的「統一大飯店」成立，客房 330 間；1964 年，由國內企業家聯合日本及香港華僑投資興建臺北「國賓大飯店」，客房 273 間；日本華僑在臺南市投資興建「臺南大飯店」，客房 66 間。1968 年高雄市本地企業家投資興建的「華王大飯店」開幕，爲本土資金的第一家。已如此蓬勃的投資和興建的規模，顯示臺灣的旅館市場進入了「觀光旅館」時代。雖然旅館市場蓬勃發展，但當時的國內旅客除了餐飲消費有些貢獻外，住宿的使用率只佔 10%以下，因爲國內旅遊消費雖然進入「國民旅遊」階段，但國民所得及國內經濟活動仍無法大量使用觀光旅館，一般觀光旅館的消費仍以國外的商務旅客，渡假美軍或已經開放觀光護照的日本旅客爲最多，尤其是後者。

國際旅館時期（1973-1986）

「交通部觀光局」於 1971 年成立，爲臺灣主管旅遊事業的中央級主管機關，旅館旅行社的分級、評鑑、獎勵及管理都由觀光局來執行或會辦。雖然在前一階段臺灣已經有中大規模的旅館市場投資，但在經營管理的觀念上，仍然沒有「制式管理系統」國際化的理念，在層次上仍是本土式或地域性的經營方式。1973 年由菲律賓華僑投資興建與美國「希爾頓國際旅館公司」合作經營管理的臺北「希爾頓飯店」開幕，從籌備、招募、訓練、開幕、服務等一系列的作法，才對臺灣本地注入一股國際性「制式管理系統」的觀念，而逐漸影響國內的旅館管理生態，當然也影響政府的管理方式和旅館設施的制式標準。臺灣開始進入「國際旅館時期」，之後陸續加入臺灣旅館營運連鎖的有：美國「假日旅館國際公司」（Holiday Inns, Inc.）與高雄華園大飯店、桃園大飯店；1982 日本大倉飯店（Okura Hotel）與來來香格里拉大飯店，後來的 1985 美國喜來登旅館系統（Sheraton Hotel）與來來大飯店均連續簽有訂房系統授權合作合約；1983 日本日航開發的 Nikko Hotels Int'l 與臺北市老爺大酒店的經營管理合約；1990 的香港麗

晶旅館管理顧問公司與臺北麗晶飯店的經營管理合約，1993 年解約，臺北麗晶改成「晶華酒店」；1990 美國「凱悅酒店集團」（Hyatt Int'l Inc.）與新加坡豐隆集團在臺北投資的「臺北凱悅飯店」簽訂經營管理合作合約。1979 年臺北亞都大飯店原來預訂與法國法航 Meridien 旅館系統合作，後來因爲法航與中國大陸的旅館續約而放棄臺灣市場，亞都大飯店義籍總經理 Mr. Barba 毅然採用獨立的經營路線，但經營模式完全比照國際制式管理的旅館方法，他稱爲：Copy Hotel，十多年來的經營過程中非常成功，並贏得臺灣首次加入「世界領導旅館協會會員」的榮譽。這時臺灣的旅館經營已經國際化，並且在國際旅館市場領域佔有一席重要地位。本時期的後半階段因臺灣生活水平和國民所得的提昇，國外旅客成長遲緩甚至有負成長現象，而國內商務旅行頻繁，國際級高級旅館的國內旅客住用率已經成長到 50%。

渡假旅館時期（1986-）

臺灣的高度經濟成長造成國民所得的提昇，社會經濟及社會結構形態也改變許多。從早期的國民旅遊時期過渡到商務旅遊時期，同時也從 1979 年的開放海外觀光護照、1987 年的開放大陸探親和大陸旅遊，到 1990 年以後國內的家族渡假和休閒渡假的市場趨勢。1986 年日商靑木建設投資屏東墾丁國家公園內的「凱撒大飯店」爲開創臺灣國際級渡假旅館之始，本來市場設定爲國際旅客，但開幕後 90%都爲國內旅客，其住用及消費情況讓旅館經營者大吃一驚，原來臺灣的渡假休閒市場潛力如此龐大，並持續數年，直到 1990年左右才稍弱。1993 年臺東知本老爺酒店開幕，以溫泉休閒、東部的碧海藍天和靑山綠水、原住民強烈的文化色彩作爲訴求，兩年來成爲臺灣地區住用率最高的旅館之一，臺灣的休閒渡假市場列車終於被啓動。1994 年南投縣溪頭米堤大飯店的開幕、墾丁凱撒大飯店的整修，1995 年花蓮美侖大飯店的開幕營運，都顯示了臺灣的旅館市場已經進入了渡假旅館時期。

海外投資時期（1987-）

　　臺灣地區的高度經濟成長也促成臺幣的升值和國際化，迫使臺灣的第二產業走向海外和大陸，第三產業也於 1987 年以後逐步的向海外投資。除早年的華航在夏威夷的旅館外，1985 國賓大飯店在美國洛杉機購買商務旅館、亞都大飯店在加拿大的溫哥華也購買商務旅館；1987 年臺北老爺大酒店在模里西斯（Mauritius）投資海濱渡假旅館；1992 年新光集團與互助營造聯合購買尼加拉瓜的 Inter-Continental Hotel 50％股權；1995 年底西華飯店在關島投資 Condominium Hotel。對大陸旅館的投資在 1989 年即陸續有景點小型旅館購買和承租合作，1992 年鄧小平南巡講話後，大陸經濟政策陸續開放，旅館的合資或投資繼續擴大，蘇州太湖國家渡假區的「太湖大酒店」可爲歷年來規模較大者。

第 2 章

旅館產業的分類與構成

旅館產業是一種人類社會活動的古老行業，因應市場的自然需求而逐漸形成的，經過許多世紀以來，各地區在歷史的演變過程中，因經濟活動的因素，就產生在這種背景下所需要的住宿服務或出租旅館或客棧的行業行為。工業革命和航海大發現時代以來，世界強權國家主導殖民主義，文化的交流和混雜又產生新文化和經濟活動，本世紀以來航空工業的進步，更使世界變得更小了，旅館事業在這些活動中扮演了最重要的角色之一。

不同的時期有不同的背景因素，促成不同形態的旅館服務需要，也造成所謂的旅館產業不同的形式分類，依據這個經驗我們就最近五十年來的旅館經營形態和區域區隔關係，作成下列分類方式：

市場經營定位分類

旅館市場的投資開發如同一架巨無霸的飛機，投資者可以主動選擇市場定位，或某些市場定位已經成為一種主流或流行，那就以事業的成功率為考量，選擇最穩當的幾項市場定位。巨無霸的飛機艙位有幾項選擇：頭等艙、商務艙及經濟艙，這就像市場中的定位一樣，市場消費顧客的定位程度結構如同一座金字塔，愈往尖端高處顧客較少但消費額度及服務品質都要最高的；愈往中下則顧客人數愈多，其服務要求及消費程度逐漸下降，那麼我們投資者在未來的廣泛市場中，要找到甚麼定位的顧客群？或要遷就目前潮流的市場定位？旅館市場開發是一種未來市場的事業，如果市場在不久的未來有所改變或因其他社會變遷因素而調整時，我們的旅館經營能調整或適應嗎？在國內外過去都有許多優秀或不良的例子，其成功或失敗就是肇因在「市場定位」，所以您要的是頭等艙？商務艙或經濟艙呢？這樣的決定將要影響到旅館開幕後未來長期經營的定位和適應性，這可從下面的分類歸納

中得到一些概念。

常有人在旅館事業投資開發的構想中，以星級標準來作爲設定的依據，其實稍有本末倒置的錯誤。一般旅館的星級標準是一種旅館營運後，從軟體經營管理的服務程度和硬體設施的多寡及配置的角度切入，作營運中的「評鑑」，再依照「評鑑」的分數給予星級證書，但一經鑑定的星級並不是終身證明，過了一段固定的時間需要再重新評鑑或檢查，以保證旅館的服務水平。旅館開發的市場定位是前瞻性、未來性的設定；而星級評鑑是事後經營管理及設施配置的鑑定。但不可以拿星級評鑑標準作爲市場設定的標準，因爲市場定位是積極性的經營指導定位；星級評鑑是消極性的事後鑑定，僅可作爲設施配置的參考。

本土化旅館（*Local Hotel*）

在事業開發概念及經營管理技術上，比較屬於地域觀念封閉性經營的旅館。一般的營業特徵如下述：

經營理念

因爲投資者組織成員大都屬於家族關係或一般早期商界成功的親友，經營理念上來說均趨向早期經營觀念或以股東或家族成員利益爲最大目的；對旅館事業的永續經營與社會形象的觀念較爲薄弱。

組織編制

無論規模大小採精簡形態或部門制衡觀念不清，運用其他事業成功經驗模式來運作，例如，以工廠生產經營管理模式、批發零售業模式、或金融管理模式爲基礎，自行修正後來爲旅館服務業的管理模式運用。

財務管理

旅館的財務管理方法延伸自上述的經營理念及組織編制，造成會計科目制定與配置不夠專業，也就造成最後的經營效益只能

開出現金帳的盈虧，但無從分析出如何盈虧或損益權責的劃分，也就無法修正經營技術方法。

市場行銷

基本觀念為「蜘蛛網行銷法」，如同一隻蜘蛛在一處角落佈網，等待過往的飛蟲誤入網中的消極方式，雖然最近二十年來因國際連鎖行銷方式的引進，他們也吸收了一些新的知識，但依據觀察看來只是將蜘蛛網的佈網位置張在效益較高的角落而已。當然住房率及總營業額仍是最後追求的目標，但有些狀況是市場的榮象所造成，而不是自己積極努力的結果。

企業形象

屬於穩健經營的傳統作法，無「原創性」的企業形象來創造的市場識別（Corporative Identity），僅以傳統宣廣與一般業務行銷方式，舉行團體折扣或公共關係活動而已。

國際性連鎖經營（Chain Hotel）

旅館事業的發展進入「商業旅館時期」，因應美國地區因東西鐵路的開通、公路網的連線及航空事業的發展，連鎖性旅館的經營大為風行，特別是第二次世界大戰以後，形成東西兩大集團的冷戰時期，美國夾著極強大的經濟力量援助自由世界，使其原來國內營運的連鎖旅館跨入國際連鎖經營領域，而 1926 年 AHMA 制定的旅館管理及會計方式，經多次配合市場的修正，更臻國際性完整的「制式管理」方法，於 1970 年代以後獲得各地區連鎖旅館同業的採用。其經營特徵如下：

經營理念

具有永續經營生命力、「原創性」獨立品牌及可跨國連鎖經營，而且具有前瞻性和國際觀的公眾公司。

組織編制

由經營的角度切入制定出合理及制衡的部門組織；從管理的

角度切出建立營運管制的流程編制，這就是「制式管理」
（Uniform System）。

財務管理

依據 Uniform System 制式管理的旅館營運預估及財務分析方
式，歸納出「成本＋服務＝價格」（Cost＋Service＝Price）的觀
念，從制式的會計制度損益表內虧盈的計算，作出經營管理階層
與業主的分層負責關係，作為永續經營的原動力。

市場行銷

依據旅館開發計畫的市場定位制定出一套積極的行銷政策，
配合市場的榮枯變化，及公司企業形象的推廣活動，長期一波波
的在國內外推動不同的行銷策略和方式，使市場中強烈的感受到
旅館事業的生命和活力。

企業形象

在旅館開發的期前作業中，依據市場定位和經營政策的制
定，建立「原創性」的企業形象識別系統（C.I.S. Corporative
Identity System），配合各年度、季節的行銷策略穿插舉辦各種造
勢或促進的活動，也就是長期創造並推動旅館事業的生命力。

模仿國際性經營（Copy Hotel）

旅館事業的國際性連鎖經營自 60 年代進入亞洲地區，使得
許多當地的旅館經營業者感到非常新鮮和羨慕。新鮮的是如此龐
大的組織和編制成本一定很高，如何來運作和獲得利益？羨慕的
是公司企業形象良好，有國際性連鎖的業務行銷，每年又都能獲
得合理的利潤。有人開始學習和模仿，因為這樣作可以減少在經
營管理的路上摸索，降低風險、成長快速。一般在營運中的本土
化旅館都不容易獲得良好的模仿效果，因為原來的基礎和觀念差
距太遠；而一些新開發的旅館，就找一些對「制式管理」有開發
經驗的顧問或幹部來協助開發，果然能獲致國際性制式管理的永

續經營管理效果。他們也許是一家獨立的旅館，也許是自創品牌的中、小型連鎖經營旅館，我們都稱呼他們爲「模仿國際性經營」的旅館。

地理位置區隔

都會性區隔旅館

設置於都會區的旅館很多，因爲它是人口集中、政治及商業行爲活動頻繁、市場消費能力特強的地方，所以大部份的旅館投資都選擇在都會區開業。但同樣在都會區的旅館因爲市場定位的不同，大致又可以分類爲以下三種形態：

商務旅館（Business Hotel）

配合社會的經濟活動的商旅需求而設立。基本上大部份爲中型規模，旅客比率以旅務散客（F.I.T. Foreign Individual Traveler）爲主，客房寬敞、設備高級、房價稍高折扣少，配合商務旅客的需要都設有：商務中心（Business Center）、會議室或國際會議廳、酒吧、健身房、美容室及商店街等，及其他必要的各種餐飲等周邊設施。

觀光旅館（Tourism Hotel）

以接待觀光客爲主的旅館，設立的規模大都屬於中、大型旅館，旅館接待的比率以團體（Group）居多，客房大部份爲標準設備的標準客房，客房售價低、折扣大，除一般的各項餐飲設施以外，也附設有大型宴會廳提供各種聚會、筵席、酒會或當地社區活動等設施。

精緻旅館（Boutique Hotel）

這是一種在歐洲很普遍的傳統小型旅館，在亞洲地區很少有這種形態。配合歐洲地區的文化及經濟背景，這種傳統旅館有家庭式的溫馨服務，主要只提供住宿功能，最多再加上早餐服務，因為歐洲都會區大型旅館尚未興起之前，獨立的餐飲業非常發達，也各具特色非常專業，所以Boutique Hotel 以提供住宿服務為主。最近三十年來雖然大型國際性連鎖經營旅館興起，有一些獨立經營的旅館為突破市場困境，採用 Boutique Hotel 的市場定位觀念，經營方法採用 Copy Hotel 的制式管理，也造成「原創性」的經營效益和社會形象。這種旅館的規模大都為中小型旅館，客房在 300 間至 100 間之間，在亞洲地區較為成功的範例有：東京銀座的 Seiyo Hotel 只有 80 間客房，但全部都是「套房」（Suite Room）專供商務旅客使用，咖啡廳一間、日式傳統餐廳一間（外包經營）；台北的「亞都大飯店」（The Ritz Hotel Taipei）也是一間成功的例子，200 間客房、一處咖啡廳、二間餐廳、一間酒吧，地點並不是很好但有很好的市場定位和執行策略，目前是「世界領導旅館協會」（Member of Leading Hotels）在台北市的兩家會員之一。

中途性區隔旅館

非旅途終點的旅館，提供旅客中途休息功能為主，設施以自助式或半自助式的客房住宿為主，餐飲服務不太重視，最多僅提供客房餐飲服務（Room Service）或迷你酒吧（Mini Bar）的冰箱飲料服務而已。

汽車旅館（Motel）

為早期美國公路網的產物，提供停車及住宿服務，客房大都為平房建築，設備簡陋，隔音效果不良。目前台灣地區也設置許多，但均已變質，成為私密旅館（Lover's Hotel）了。

私密旅館（Lover's Hotel）

因應社會結構的改變和開放及男女自主權擴張，男女自由公開交往已非常自然和頻繁；但在台灣地區因土地狹小交通方便，尚無眞正的公路汽車旅館市場需求，但爲配合社會的男女交往形態，變相以汽車旅館或大樓某些樓層作成旅館形態，以租賃方式按時出租，一切管理以電腦門鎖及自動取卡方式進入客房，管理單位以中央監視系統設備監看，僅於結帳時才會與客人正面短暫接觸。私密性非常高，所以許多交往中的情侶喜歡利用，當然也有一些正當的旅客使用，原因是房價不貴。

休閒性區隔旅館

休閒渡假是人類調節生活的一種重要活動，尤其是經濟開發中及已開發國家地區，休閒渡假是生活中必要的一部份，經濟活動愈頻繁忙碌的人，其休閒渡假次數愈多、渡假時間也較長。這些休閒旅館也因設置地點和設施的不同分類如下：

溫泉渡假旅館（Spa Resort Hotel）

以溫泉爲引力訴求，設置許多配合溫泉浴的周邊設施，使人感到身處深山溪谷的溫泉之中。因爲台灣地處歐亞板塊及菲律賓板塊的交接處，地理景觀及溫泉特別多，而且各地的溫泉因地質的關係，均產生不一樣的地方特徵，所以溫泉渡假旅館本身在各種休閒區隔的旅館經營中，獨具特色。世界有名的溫泉渡假區很多，例如，日本、台灣、義大利、匈牙利、芬蘭、瑞典、冰島等都各具特色。台灣綠島的「旭」溫泉是世界有名的三處海底溫泉之一。

海濱休閒旅館（Marine Resort Hotel）

以海濱沙灘及礁石的自然環境，創造出海灘休閒活動及其周邊設施的旅館。除海灘遊樂的游泳、沙灘排球等活動外，海上活動，例如，海釣、潛水、浮潛、風浪板、衝浪、拖曳傘等，都是

主要活動。台灣地區良好的海灘很少,北部的福隆海水浴場及墾丁國家公園的海灘,算是比較好的,但冬季的東北風及因地形引起的落山風,使人無法悠閒享受海灘的樂趣。世界有名的渡假海灘很多,例如,太平洋的珊瑚礁島關島、塞斑島、帛琉群島、夏威夷群島、大溪地、斐濟、澳洲、紐西蘭等;印度洋的蘭卡威、馬爾地夫、普吉島、模里西斯、法屬留厘旺、西澳洲的伯斯等;歐洲地中海的愛琴海諸島、南義大利、法國南部、摩洛哥北部、西班牙東岸等;大西洋的加勒比海諸島、墨西哥灣一帶、南美東岸沿海等,都有許多出名的海濱渡假旅館。世界最有名的幾處:夏威夷、邁阿密、峇厘島、斐濟、尼斯等。

賭場遊樂休閒旅館（Casino and Entertainment Resort Hotel）

無自然環境資源,就利用人文環境資源或獨立創造「原創性」的資源,許多遊樂場、高爾夫球場及賭場等的休閒市場引力訴求,就因地置宜的被創造、開發出來,而旅館設施雖然只是其附屬開發設施,但其經營規模及周邊設施仍然相當可觀。世界上最有名的地區:美國內華達州的「拉斯維加斯賭城」、蒙地卡羅與澳門的賭場及國際賽車、韓國的「華克山莊」與「樂天世界」、美國洛杉磯及日本東京的「迪士尼樂園」、美國佛州奧克蘭的「迪士尼世界」等,都是感官及肢體活動對旅客造成吸引力的賣點;而高爾夫運動的普及,也逐漸造成某些休閒渡假市場定位的主要賣點之一,美國及歐洲已經風行多年,而亞洲及太平洋地區最近十年來也逐漸興起,這種配合賭場、遊樂及運動的旅館經營,仍是具有國際觀的水平。

過境接待性區隔旅館

機場旅館（Airport Hotel）

在國際航線轉乘繁忙的機場航站附近,常會配合飛機航班的早晚班調度、或天候因素所造成的困擾,為服務飛航組員（Crew）

及旅客的過夜而設立的旅館。旅館設施除客房外，餐飲設施僅設置最基本的程度，也有配合過境或開會需要而設置國際會議廳或多功能宴會廳。

車站旅館（Terminal Hotel）

長途汽車或火車路線轉乘繁忙的車站，配合早晚車班調度及提供轉車旅客服務需要而開設的旅館。旅館設施除客房外，僅提供簡單餐飲服務設備。

非專業旅館

招待所（Hostels）

許多公私立單位為配合其龐大組織人員的出差住宿，常在各主要地點設置招待所，其規模及管理形式與旅館功能相同，但在住宿使用資格上則有所限制，非一般旅客可以使用的。例如，台灣電力公司、警察單位、台灣糖業公司、台灣省議會、立法院……等招待所。也有在自用閒暇之餘部份對外開放出租使用，例如，教師會館、救國團活動中心、YMCA、YWCA 等；也有一些完全對外開放，例如，寺廟的禪房或廂房配合朝山禮佛活動而開放；各地勞工之家或招待所，配合勞工旅遊活動而提供住宿使用等。基本上他們都無旅館營業的住宿服務登記，目前在管理法令及規範上，尚無法管制或輔導，因為他們的服務對象有某些門檻限制，但無可諱言的他們的確影響某些旅館的營業市場收入。

民宿（Pension）

在許多風景名勝地區，或山上或海濱小鎮，因為正式旅館設施的不足或不便，因應實際旅遊旅客的需要而產生「民宿」的服務。尤其是在自助旅行無從確定的路線或旅遊常點，都常有民宿的經營出現。一般來說，民宿是最無專業化的服務，但卻是最有人情味的享受，在歐洲及日本有些民宿服務的民宅，若有房間出租都會掛出民宿的小招牌，非常有人情味，當然偶而也可討價還

價的。

出租公寓（Serviced Apartment）

是以各種不同規模大小的公寓，配合旅館管理的方式，按月或按週計算來出租。基本上以客房管理為主，若有適當的地點和規模，偶而會提供小型簡單的餐飲服務。

雙重經營管理（Condominium Hotel）

是一種房地產式的單元投資，再聯合委託合作經營的旅館。也就是一種投資，雙重經營利益的事業形態的旅館。為顧及將來長期經營和共同的利益，若在開發初期即以專業的旅館開發模式出發，則後續的市場及經營將會比較順利，國外有一些成功的例子，但是數量不多。

國內外失敗的例子很多，大部份失敗的原因，就是在開發初期不以最終經營目的事業的功能規劃；而以最初前段事業目的計畫，在前段銷售（尋找投資人）完成後，再進入第二階段的旅館事業的規劃，在專業不精或評估粗糙的評估作業下，牽強的套入第一階段的硬體設施中，再加上後續的長期事業經營的評估偏差，事業經營往往短期而夭折，造成社會資源的浪費，實在可惜。

旅館產業的構成

旅館產業的形成，乃是人類在文明的進步過程中，因為社會生活需要而發展出來的一種服務性商業行為。從社會雛形的人際經濟活動或政治行為中，當地人們提供對外出旅行者的一種生活協助和照顧行為，因社會文明的進步逐漸演化出來的一種產業。在商業形態上已經具備很明確的輪廓，就其產業構成要素來說，可分為：管制者、所有者、經營者與消費者，其構成關係不會因

經營形態和市場定位而有所不同，構成關係如下圖：

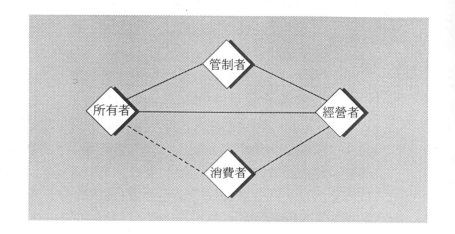

管制者

是指行政管制與經營許可的政府單位，中華民國台灣地區的旅館許可，一般分爲旅館經營許可和建築許可，其管制單位在基層地方爲縣（市）政府的建設局工商課主管事業設立許可；建設局建築管理課主管旅館建築許可，旅館的建築必須在都市計畫的商業區或風景區方可核准設立。但在事業管理上，僅允許客房出租而已，其他餐飲或其他附屬事業經營必須另行申請營業許可。

層次較高的觀光旅館，又分爲觀光旅館與國際觀光旅館二類。在營業項目範圍方面，依據交通部頒布的「發展觀光條例」：

第十八條　觀光旅館業業務範圍如下：

1. 客房出租。
2. 附設餐廳、咖啡廳、酒吧間。
3. 國際會議廳。
4. 其他經交通部核准與觀光旅館有關之業務。

觀光旅館因營業需要，得經申請核准後，經營夜總會。

在興建申請及執照之核發程序方面，依據交通部「觀光旅館業管理規則」：

第一章　總則

第二條　觀光旅館之建築及設備標準依附表一及附表二之規定。符合附表二之規定者，稱爲國際觀光旅館。

第三條　非依本規則申請核准之旅館，不得使用國際觀光旅館或觀光旅館之名稱或專用標幟。

第二章　觀光旅館之興建、發照及變更

第四條　興建觀光旅館以新建者爲限，並應於申請建造執照前，填具申請書檢附下列文件，申請觀光主管機關核准籌建：

1. 發起人名册或董監事名册。
2. 公司章程。
3. 營業計畫書。
4. 財務計畫書。
5. 土地所有權狀或土地使用權同意書及土地使用分區證明。
6. 建築設計圖說。
7. 設備總說明書。
8. 其他有關文件。

前項申請籌建案，如已領有建造執照，但未施築結構體者，得準用之。

前兩項申請案件，國際觀光旅館由「交通部觀光局」受理，

觀光旅館省（市）觀光主管機關受理，均應於收件後十五日內核覆。經審查合於規定者，應將核准籌建函件副本抄送有關主管機關、主管建築機關、公司主管機關及警察機關。

第八條　觀光旅館興建完成後，應備具下列文件報請原受理之觀光主管機關會同警察、衛生及建築等有關機關查驗合格後，由交通部發給觀光旅館營業執照及觀光旅館專用標幟，始得營業：

1. 觀光旅館業營業執照申請書。
2. 建築物使用執照影本及竣工圖。
3. 公司執照影本及職員名冊。

在旅館等級評鑑方面，依據交通部「發展觀光條例」：

第二十條　觀光旅館等級，按其建築與設備標準、經營、管理與服務方式區分之。
觀光旅館建築及設備標準，由交通部會同內政部定之。

在中國大陸的有關旅館事業及建築開發，乃按一般事業許可和建築申請管制辦法進行，於工程完成旅館開幕後，才進行「星級評鑑」。依據 1988 年 9 月 1 日頒布執行之「中華人民共和國評定旅遊涉外飯店星級的規定」：

星級的評定範圍

第五條　凡在中華人民共和國境內，從事接待外國人、華僑、外籍華人、港澳台同胞以及國內人，正式開業一年以上的國營、集體、合資、獨資、合作的飯店、渡假村，均屬本規定範圍。

星級的評定依據

第十條　飯店星級按飯店的建築、裝潢、設備、設施條件和維修保養狀況、管理水平和服務質量的高低、服務項目的多寡，進行全面考察、綜合平衡確定。

星級的評定方法

第十一條　飯店星級按飯店必備條件與檢查評分相結合的綜合評定法確定。

評定飯店星級使用如下文件：

項目一：──建築設施設備
　　　　　──服務項目
項目二：設施設備檢查評分表
項目三：維修保養檢查評分表
項目四：清潔衛生檢查評分表
項目五：服務質量檢查評分表
項目六：賓客滿意程度調查表

　　觀光旅館業是發展觀光不可或缺之行業，又為資金及勞力密集的產業，投資金額龐大而回收緩慢，因此，世界大多數國家為刺激觀光旅館之投資以發展觀光事業，除積極改善投資環境外，常採取各種具體的獎勵措施以強化投資誘因，例如，提供租稅減免、金融協助、技術協助、能源費用的優惠或便利土地取得等。

　　回顧台灣地區政府對觀光旅館之投資獎勵，曾在不同發展階段先後或同時採取前述各種獎勵措施，其中以租稅減免之優惠較為廣泛而持久。自1960年9月實施的「獎勵投資條例」第三條第一項第十四款將「旅館業：合於政府所定國際觀光旅館、觀光旅館、森林遊樂區或風景特定區內之國民旅舍之建築及設備標準之事業」列為生產事業，將觀光旅館業列為受獎勵之生產事業，其

主要租稅爲五年免稅、加速折舊、投資抵減、納稅限額、進口設備緩（免）徵稅及國際觀光旅館房屋稅減半（1987 年增列）等；在 1977 年因應國內旅館客房數量的不足，與交通銀行實施對 300 間客房以上之新建國際觀光旅館提供40%的低利融資貸款；接著對觀光旅館的房屋稅折讓收稅等，都是很好的輔導政策。

1990 年底政府因應「獎勵投資條例」實施屆滿後，未來產業發展與經濟轉型的需要，經全面檢討現行獎勵制度後，重新研訂公佈「促進產業升級條例」以資取代，並自 1991 年一月起實施，其與獎勵投資條例最大不同在於簡化過去的獎勵工具和方法，並重視對功能性投資的獎勵，試用範圍儘量減少對選擇性的產業或產品，而以產業的投資行爲爲獎勵標的。該條例自公佈以來，政府陸續發布與觀光旅館業相關或適用的方法：

1.促進產業升級條例實施細則。
2.民營交通事業購置自動化生產設備或技術及防治污染設備或技術適用投資抵減辦法。及其抵減項目。
3.公司研究與發展人才培訓及建立國際品牌形象支出適用投資減抵辦法。
4.公司投資於資源貧瘠或發展遲緩地區適用投資減抵辦法。
5.重要投資事業適用範圍標準。
6.重要產業適用範圍標準。

目前上述的獎勵辦法旅館業者之適用效果，因相關規定模糊不清或法令繁雜，使業者對獎勵辦法的獎勵意願仍在適應中，執行效果並不彰顯。

所有者與經營者

旅館產業的所有者，是指旅館產業的投資公司；經營者是指旅館事業本身的營運者。

所有者

就是前項旅館事業籌建的「申請人」，它就是旅館或旅遊產業的投資者，在投資之前，它必須是一個法人組織的公司，這個公司必須擁有籌建旅館的「基地使用權」。擁有「基地使用權」有下列幾個條件：

1. 產業投資公司自行購置的資產，擁有所有權。
2. 向政府、民間自然人或法人長期承租的土地，擁有契約期間的使用權。

如果產業公司欲投資旅館事業，則土地的「分區使用」管制，必須是：

一般旅館

1. 都市計畫土地之「商業區」或「風景區」。
2. 非都市計畫土地必須為「丙種建築用地」或「山坡地保育區遊憩使用編定」之土地，可供作為「遊憩設施」使用。

觀光旅館

1. 都市計畫土地之「商業區」或「風景區」。
2. 非都市計畫土地必須為「丙種建築用地」或「山坡地保育區遊憩使用編定」之土地，可供作為「遊憩設施」使用。
3. 都市計畫住宅區內興建國際觀光旅館，以院轄市及省轄市為限。

　① 位於院轄市者，必須有客房 240 間以上，面臨 30 公尺以上已經開闢之道路；位於省轄市者必須有客房 120 間以上，面臨 20 公尺以上已經開闢之道路。建築物其他三面均須保留 10 公尺之空地，連接道路或巷道時，保留寬度與路寬之和應在 10 公尺以上。建蔽率、高度等，依建築技術規則之規定，但保留之空地，至少應為基地面積百分之三十。

②基地跨越商業區及住宅區，得合併使用，但位於住宅區內之建築物，應保留之空地，依前項規定。

若土地爲產業公司法人自購者，在旅館事業投資之投資總額計算時，土地不能計算於總投資額之內。因爲土地爲產業投資公司之資產，只是提供旅館事業之投資使用，產業公司擁有「所有權」；而旅館事業擁有「使用權」，在旅館事業成本計算時，其資產因事業之營運，依據稅物法令各種設施包括：建築物、機電設備、空調設備、生財器具……等，逐年按規定折舊，若干年之後祇剩下「殘價」。而投資公司的土地資產，因地上物事業的使用爲「旅館」，則其地價因應「地用」的附加價值而膨脹，若將這權責不同所屬關係的資產，按照一般房地將土地當做「成本」一併分割出售的話，則在財務計畫的「營運損益預估」試算時，將會出現永遠無法弭平的「紅字事業」了。

經營者

所有者的產業投資公司，透過旅館事業的專業開發手段，創造出旅館事業之後，再交予「經營者」來經營管理，這個經營者是一個群體，也許他從最前面階段就執行或參與「事業開發」的工作，或是後來承接「事業開發」作業，而進入「旅館事業」之籌備工作。在這事業開發過程中，即又衍生出兩個小階段的任務作業，本書報告的主題就是這「開發與規劃」的重要階段。

經營者在本階段中，必須執行兩大任務：

旅館事業的籌備

依據旅館事業開發計畫的政策，執行旅館事業的籌備，建立組織和編制。並建立各項營運工作的辦事與作業準則和細則，將營運制度建立。並擬具市場行銷與推廣計畫，於開幕前一年積極對外展開旅館未來事業的企業企圖，建立市場形象。

人力資源的開發和訓練

依據旅館組織和編制需要，從事人才招募運動，從高級主

管、中間幹部到基層幹部，建立一系列的人力訓練計畫。旅館除硬體設施外，人力就是旅館運作的靈魂，好品質的人力，就可以成就好的旅館事業。

消費者

旅館事業的籌備，有其對未來市場的定位方向，而消費者在廣闊的市場中，旅館所發出來的形象和定位訊息，透過各種媒體傳達給消費者，但在這種相互放出訊息與接收訊息之間，如何產生交集，這就是市場消費情況與定位的關係。

在消費群體之中，大致可以分成三大類：

散客（俗稱F. I. T.）

早期國內經濟情況較差，國外的商務旅客旅遊頻繁，所以一般專指國外獨立旅行的旅客（Foreign Indiviual Traveler）而言，現在通指非團體的客人。散客的層次又分為三層：

1. 最高決策人員的旅行者，指公司最高主管或決策權利的人。其旅遊消費程度最高，服務品質亦講究周到，但旅遊人次率並不高。
2. 中高級主管人員，為各事業體的中堅成員，商務或渡假旅行機會頻繁，會議或會商最多，住宿消費為中上程度。
3. 基層幹部人員，通常都配合中高級主管旅行機會較多，也常有獨立商務旅行，但因受到階級消費限制，除非必要時才有較高的消費，旅行次數與中高級相仿或略低。

家族團體（Family）

家族團體的旅行屬於小型獨立團體。其旅行目的以渡假為最多，探親次之。這種家族團體的旅遊消費和品質要求，依其經濟環境條件而定。一般高教育程度、高收入者，旅遊次數多、消費額度較高；中間程度者，一年約有一至兩次的旅行；中低程度者，家族獨立旅行較少，大部份多參加一般團體旅遊。

一般團體（Group）

組成方式

一般團體的組成方式很多，有小旅行社招募、大旅行社批發帶團的；有公司或社團組成的；有學校春、秋旅行或畢業旅遊的。

旅遊性質

有參加國際會議或地方社團會議的會議旅遊；有公司行號的訓練講習旅行；有專業目的但成員來自各單位的講習旅行；有公司慰勞員工家屬的感恩親情旅遊……等，不一而足。

無論其旅遊方式和性質如何，基本上其旅行消費金額多不是很高，一般講求最基本的住宿和餐飲服務條件而已，對於其他附屬的遊憩設施之使用率，普遍都不是很高，而對旅館設施無心的破壞，因旅行經驗不多，且旅行社的領隊對於設施使用的說明不太詳細，所以故障或破壞率稍高。這種現象不祇是台灣旅客的專利，其實許多國外團體也常有這種現象。期待國人共同互勉，努力再提昇。

從消費者的結構形態中，旅館開發時首先要依據市場情況，來設定市場定位計畫，就如同一架巨無霸客機中，按照規劃的航線來設定有頭等艙、商務艙和經濟艙的多少和比例，或是祇設定商務艙和經濟艙就好；或是以消費量最多的經濟艙來作為行銷的主力。旅館事業形象也是會受到未來市場定位運作的影響，何種定位最為恰當，這就是產業投資公司董事會們的智慧決策了。

貳

旅館產業開發計畫內容

第 3 章

旅館開發方案計畫

開發方案計畫作業，包括：可行性分析、基地引力分析及旅館設施配置計畫三段作業。可行性分析和研究先做初步的模擬報告，受到產業投資單位認識旅館事業的風險和成就的心理準備，才進入基地引力分析和設施的計畫。這兩個階段包含：投資旅館市場的定位和經營概念；硬體規劃概念和營業配置計畫關係；基地引力乃實質的自然和人文資源環境調查；感性的商品包裝和定位、商品色彩計畫。及本篇下面另外兩章的企業經營形象的建立規劃；資金來源開發計畫；營業收入規劃及旅館投資回收期分析等，可以說是整個旅館投資的最高政策指導原則，甚至有人說它是旅館投資計畫作業環節中最重要的部份。

這個階段的開發方案計畫完成後，則後續的籌建執行工作即可兵分兩路：一路執行旅館工程的建築、設備、裝修及生財設計，和後續的工程發包、施工、生財設備及器具的採購；另一路則進行行政作業及旅館籌備作業的規劃和執行，例如，工作準則的規劃、電腦系統的建立、工作人員進用原則及訓練的方法、旅館設備的工程維護和訓練、公共安全組織的建立、業務行銷和開幕計畫、營業執照的申請和取得、融資銀行關係的建立、信用卡連線申請等，不一而足。這繁複的作業過程和管理，都是開發方案計畫的詳細規劃成果。也許在最後執行過程中，尚有一些修正，但這只是一些細節作業，不可能影響原來方案計畫原則的推動的。

可行性分析

旅館產業的事業投資開發，是一門綜合性的人文科學，它不只是商業行為，也是一種歷史事業，使投資者、事業規劃參與者和管理執行者均有很強烈的使命感和成就感。如前章所述，旅館的內涵如同一座迷你的城市，有主體的消費與服務管理、客體的

硬體設施和直接成本及媒體的市場行銷和公共關係；在顯性的表現上應位於交通便利的地段或處於風景優美的區域、雄偉的現代建築或優雅的風格建築、豪華的館內陳設或高貴氣質的樸素裝修、賓至如歸的親切服務和安全感、美味的餐飲和令人流連忘返的環境，在在都顯現旅館商品的風格特性，其整體事業計畫的過程中，是結合理性經驗分析和感性的人文表現，所以它是一門結合各種專業與經驗的獨特事業。

在所有各種重大產業的投資計畫行為當中，第一項最重要的作業就是「可行性研究和評估」（Feasibility Study），旅館產業的投資自然不能例外，並且是必須的重要課題。這種可行性研究和評估的作業，是從國外先進的國家中經過幾十年的實務經驗，配合學術界的研究方法，綜合提煉出來的精粹。在臺灣的旅館產業投資計畫過程中，國際旅館時期引進的投資評估方式，由於立場客觀，可輔助一般有經驗的企業家作為他們投資評估的有力支點，也是確定投資政策後，作為後續修正作業的依據。

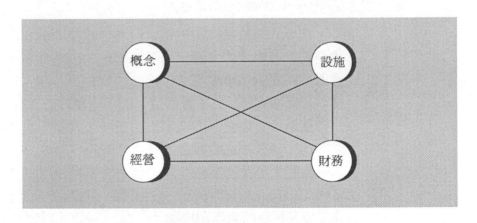

可行性分析研究和評估的內容一般可分為四個大項目：

概念（Concept）

旅館產業不同於一般的房地產業或建築業，在理念上正好是

相反的方向。主要的原因是房地產業賣的是產品，是以面積的大小和地段的價差為主要產品訴求；而旅館業販賣的是睡眠、美食、服務和形象。房地產業是將土地和地上物以權利分割方式賣給顧客；旅館業的土地是公司資產不計入投資成本，旅館開幕後的經營管理是永續經營商品行銷和社會責任。所以在「產品」和「商品」的事業區隔上截然不同，所以在市場觀念上當然也不一樣。

在研究作業中，首先要了解過去的市場、現在的市場和未來的市場情況和趨向，以及產業投資者計畫在未來市場中的「定位」與商品區隔關係。基本上是以市場價位、訴求對象和未來市場趨勢或彈性的調整空間為主要研究議題。這些考量一定要將社會經濟發展條件、國民生產毛額和交通條件包括進去，政治條件和國際局勢雖會對產業投資產生重要影響，但這並不是一般產業界人士可以預料的。

設施（*Accommodation*）

初步的理想風格和市場定位有著重要的聯想關係。設施的規模是配合市場定位來設定的，將建地的面積作最大的利用不一定合適旅館風格和市場需求，因旅館賣的是服務、形象、它的附加價值和永續經營；它不賣面積，因為面積只能賣一次。

旅館設施是配合市場定位的需要，來設定其規模：需要多少間客房、甚麼形式的客房？多少處餐廳、酒吧、會議廳，甚麼樣的風格和大小？需要一些甚麼樣的服務設施？例如，商店、視聽歌唱（Karaoke）、游泳池、三溫暖、健身房……等。建築物和裝修需要甚麼樣的氣氛和格調？

經營（*Management*）

旅館計畫的理想硬體雛形按照市場定位設定具體規模和功能後，就要考慮到如何來營運這個計畫中的旅館。首先就是組織計

畫，基本上仍以旅館制式管理的八大部門為主，配合旅館計畫的規模大小、市場定位區隔、地方性的特徵和人力市場資源的條件，作出標準制式管理系統或簡化或增加的組織計畫，接著就是依據設施與運作需求來規劃編制，做人力資源開發和訓練條件的評估，及其未來運作執行的可行性程度。經營管理的作業計畫原則和必須特別考量的市場情況及條件，以及整體旅館籌建的可行性計畫進度和開幕時市場的時機等。

財務（Finance）

土地使用權的取得，購買或租用，使用時間期限。資金的籌措和融資條件、額度及期限，市場經濟及銀根情況，股東招募的可行性和比率。

依據市場定位預估未來市場情況，平均房價和平均餐飲消費條件，餐飲消費和客房銷售的聯合關係及比例，其他收入的預估：例如，店舖出租、洗衣收入、服務費收入等情況。若為風景渡假區休閒旅館，對遊憩節目和旅遊服務收入是一項很重要的營收。另外配合市場需求和本身設施計畫的項目，可設立會員俱樂部來招募旅館會員，這是一項與旅館企業形象行銷有密切效應的運作方法，須審慎評估和計畫推出作業的時機。

投資回收計畫乃依據設備說明及經營計畫作運作預估，以期估算回收期限。財務預測大都採用權責發生制來作評估，在這種會計計算方法下，當期的收入與費用會確實歸屬至當期內，各項收入及支出項目之分類建議採用「美國旅館協會」（American Hotels & Motels Association）簡稱AH&MA所推薦之「旅館業統一會計科目分類」及本地旅館業一般使用的分類法記帳，除直接營業費用發生之部門承擔外，無法直接由歸屬之營業毛利中扣除。

財務計畫的分析和研究，是旅館產業投資中最有力的評估判斷依據，所以在投資回收計畫的章節中，最後一定要做出：

1.旅館營運後最初十年損益預估表。

2.旅館營運後最初十年現金流量預估表。

3.旅館投資回收期。

基地引力分析

市場情況與定位

基地所在地的市場情況，環境是「客觀」研究條件和市場定位「主觀」判斷的重要依據。

市場情況

市場情況通常需要下列數據作爲未來市場定位的參考依據：

1.最近十年至十五年來的國內外旅遊人數統計資料。

2.上述旅遊情況分析資料：

① 旅遊人數規模及旅遊性質：觀光、商務、渡假、進香、進修等。

② 旅遊住宿停留時間。

③ 旅遊交通路線方向及工具使用。

④ 旅遊消費分析：購物、交通、住宿、飲食、娛樂、其他。

3.旅遊者的國籍和籍貫分析。

4.年度國民所得背景條件：在做國內的遊客分析時，除區別其國籍爲國內或國外者外，國內遊客應特別分析其是否爲住在國內的外籍僑民和其國籍，此數據對下一步市場定位的主觀判斷是極有幫助的。

市場定位

從歷年來市場情況來看，多依據投資可行性之分析和評估，

再採取主觀的判斷或聘請專業顧問對未來市場定位作主觀的建議,然後作為確定投資的政策依據。比如說,旅館投資理想規模與環境條件的配合、市場定位的設定等。旅館產業的投資是一種未來事業,市場定位就是在未來金字塔形市場行銷計畫中,從市場中找尋最低層但消費群最大的大眾化消費;或中間階級包含有商務、渡假、觀光的綜合性中高消費但消費群量較中庸的;或最高階層的高階主管或少數領導階級的高品質消費、高品質服務但消費群特定、有特殊限制的。或取其兩者之間的適當比例搭配,或配合旅館地理位置的條件考量,或主觀的認為投資集團多年的共同理想等,均可作為「市場定位」的設定依據。

自然環境條件

旅館基地的自然環境條件須具備下列情況之條件調查報告。

地形地勢

在都市計畫範圍內的基地,於已開發都市中無地形問題但仍有分區使用和地點問題。但開發中國家或地區,因政府交通建設的開發及都市新市鎮的發展,旅館地點的榮枯也可能有循環週期,常在十年到二十年之間產生榮枯週期變化,這一點須慎重考慮。非都市計畫地區或風景區,須特別注意地形地勢條件,坡度15%以下最合適旅館開發;坡度 15%～30%之間尚可開發,但水土保持整地工程成本的投資較大,若規劃設計得宜仍有很大的成功條件,國內外有幾處風景區地形特殊的旅館設計非常成功,例如,韓國濟洲島的新羅酒店 (Shira Hotel)、馬來西亞蘭卡威的Datai Hotel 都是很著名的旅館設計。超過 30%坡度以上的地形儘量不宜開發,不但開發不易而且會引起災變,若能以自然保護區來陪襯旅館環境,應是不錯的景觀設施。

地質

地質條件常是造成地形地勢的主要原因,桂林的石灰質地形

景觀就是地質造成的，最有名的美國大峽谷、黃石公園等自然景觀，也是因地質景觀的「地景」之美而規劃爲國家公園。臺灣東部海岸也是很有名的「地景」奇觀勝地。地質是埋在地底下的物質，雖然在表面上表現出「地形」；但其地質的結構對未來的旅館建築結構安全是具有密切關聯的，例如，雲林縣的草嶺地區即爲臺灣斷層帶之一，週期性的會有地層滑動現象，開發時應特別作精密的地質鑽探分析試驗和研究。溫泉的資源開發也是地質特性的表現之一。水資源保護區不宜作爲旅館開發使用。

氣候

氣候與地理位置經緯度、地形地勢、海拔高度、自然生態環境等都有密切的影響關係。但就氣候本身條件來說，對旅遊季節的影響極大，以臺灣地區來說，自嘉義以北濱海沿岸經彰化、臺中、苗栗、新竹、臺北轉至宜蘭，每年冬季自十二月到翌年二月爲東北季風季節，又加上東北部地區大陸冷氣團的滯留鋒面一波接一波，常會造成淒風冷雨現象，不宜旅遊；臺中地區的大肚山自大甲溪至大肚溪南北縱走，與冬季來自大陸的東北季風成直角效應，又因地勢不高山坡平緩，在冬季常形成爲期約兩個月有名的「大肚山風」，吹得臺中市區的大樓窗戶嘶嘶作響。南臺灣的恆春半島亦因地形地勢關係，十二月份的「落山風」也是聞名中外，其勁風最大風力時，街道無法行車走人，影響旅遊甚重。

降雨量的多寡對旅遊產業的開發亦具有很大的影響力，影響最多的就是對大地表面的沖刷效應，也就是山坡地開發時的水土保持和整地工程所產生的破壞力最大。一般都須檢視過去五十年來的最大暴雨量，作爲地表排水逕流量的參考數據。山區谷地的遽雨和濃霧也是對旅遊產業的開發條件影響很大。

水文

是指地表溪流河水及其流域，或海濱海域潮流和潮汐的情況。對地理位置相關關係者，必須了解和運用。地下水源或溫泉

情況，必須與地質條件一起考量。

動植物生態

是環境影響評估中，在產業開發過程裡對環境動植物生態的種類和數量作詳細調查，建立資料，不能因為人類產業的開發而嚴重破壞原來的動植物生態環境，在開發計畫時若能將原有的生態環境列入保護，並且在產業開發後與原來自然生態環境取得更協調的互動關係，對旅遊產業的開發會更有正面的效益的。

特殊景觀

有的是地理景觀；也有動植物景觀。例如，泥火山的噴漿、活火山的熱氣、特殊地形奇觀、湖泊或瀑布；非洲的野生動物公園、特殊的雨林動植物等，都是旅遊產業的吸引力賣點。

人文環境條件

人文歷史與人文地理

以旅館基地及其周圍區位環境的人文歷史和人文行為開發的觀光地理，為旅館基地重要的吸引力條件。一般非都市土地開發的範圍大都以基地為中心，以十公里為半徑畫一圓周為分區的區位範圍；將本區位當中的人文開發歷史、重要公共建設及設施、人文地理造成的觀光資源景點等，一一說明分析（例如，產業觀光、知性之旅等），作為旅館開發後旅遊節目及景點規劃的重要活動，也使旅館營業後促成旅館產業和從業員工，與地方融合為「在地人」的感情，也使本地人對旅館的建設投資接受和認同，讓未來的長期經營效益使地方人士與有榮焉，亦對地方建設或人力資源的運用有所貢獻。

人口構成與產業結構

這是專門針對非都會區的旅館基地環境，必須作的調查報告資料。人口構成與將來旅館營運的人力資源及訓練有很大的關聯，人口構成除年齡、性別及從事的行業外，最重要的就是教育

程度調查。旅館的高級幹部可以外聘，但大多數的基層工作的員工，絕大多數都是本地僱用。產業結構也是對基地評估的客觀條件之一，因爲旅館產業就是「第三級產業」，說得更淺顯的就是「服務業」。一般非都市土地或非都會區的旅館基地，大部份都是「第一級產業」或「第二級產業」，第一級產業是指利用土地資源從事農耕、養殖生產者；第二級產業是指從事工業製造生產或商業交易買賣者，這些情況對於旅館產業基地吸引力有著重要的參考價值。

交通設施狀況

基地區位範圍內的交通設施，包括：鐵路、公路、航空、水運等條件，及交通線上的重要城鎮、村落、景點、或交通轉運站等，都要一一列出，使用情況例如，載客率、使用率、班次、營運時間及交通設施的未來發展計畫等。旅館產業基地規劃的交通與區位交通如何接駁和運轉等條件。

商品形象定立

商品形象的定位是依據「市場定位」而來的，在廣大的市場中找取定位或設定定位，這是最重要的前提。但同樣在這市場中，無論在我們之前開發或在我們之後投資者，如果有許多相同定位的空間，那麼就會產生商品重疊現象，所以無論是否有相同或重疊情況，我們都必須有自己的商品形象定位，這就是商品的「原創性」。

商品形象定位通常可以設定一種形象包裝的「主題」，業務行銷或公共關係推廣或促銷時，可以延伸發展爲一句「口號」（Slogan），而後配合經營管理的促銷活動和企業形象的建立，長期下來就會造成一種聯想和口碑，這就是旅館產業永續經營的「生命」。

基地的區位關係圖

一般都以比例 1/25,000 的地圖，作為重要的規劃參考。若需要更細膩的資料亦可使用比例 1/5,000 的航空照相地形圖，這對旅館基地的產業規劃及研究，均為重要的評估依據。

旅館設施配置計畫

旅館設施配置計畫是將旅館投資計畫的硬體設施，依據本章第二節「市場情況與定位」的概念和設施規模及數量設定，來規劃旅館建築和營業機能動線與配置，再配合「自然環境條件」和「人文環境條件」的區位環境，來規劃旅館特徵及外觀與環境的融洽；以「商品形象定位」的「原創性」與感性理念，對整體旅館建築設施之外觀、環境景觀、公共場所的氣氛及裝修、各種客房裝修及生財器具的設計建議、整體內外裝修的色彩計畫、建立旅館企業形象的「原創性」建議或規範、旅館形象聯想的造型、口號、音樂等視聽感覺的建議。這些種種的規劃都必須以具體的設計圖、透視圖或其他媒體將它表現出來，並落實其初步的設計尺寸、規模和數量，作出整體建築硬體、生財設備和器具等的總概算，以便後續的財務計畫對投資回收預估的運算有正確的依據。

硬體設施規劃與營業配置

一般講到旅館的硬體設施，大部份人想到的只是建築物和較多的客房衛浴設備，或過量比例的所謂「裝潢」工程而已，這是一種非專業角度的假像考量，也常因為這種錯誤的導向而錯估旅館投資預算，造成資金的調度與投資計畫推行的困難或因此半途而廢。旅館建築的規劃是一種依據「市場定位」概念而設定出旅館需要有下列之要素：

基本構思

在基本構思此一要務，有以下的說明：

1. 多少間客房。
2. 何種形式和規格的客房。
3. 一層樓需要有多少間客房。
4. 客房的動線：客人如何進出客房；房務管理如何清潔和管理客房。
5. 需要有多少種餐廳提供餐飲服務。（專業說法：有多少間Outlet）
6. 何種形式和規模的餐廳和酒吧。
7. 廚房與餐廳、廚房與後場的關係動線。
8. 需要有多少間廚房。（廚房配置，不一定是一間餐廳就有一間廚房）
9. 需要其他功能空間，例如，宴會廳、會議廳、商務中心、健身房、三溫暖、娛樂室、商店……等。
10. 需要多少間其他功能設施空間、需要多大規模、其動線安排例如，客人進出和服務人員的服務動線。
11. 主要公共場所例如，大廳的大小、前臺的位置，其功能、動線（水平動線與垂直動線，電梯設備規格與數量的考量）、與其他功能空間的關係。
12. 管理部門的配置位置，員工進出的動線、貨物進出的動線、廢棄物的動線、車輛進出管理動線、安全保全系統的配置等。
13. 機械設備配置空間的規劃、管線系統計畫、排污排水計畫、弱電與管理功能計畫（例如，電腦、電話、客房狀況指示器等）
14. 是否需要設置洗衣房，需要何種規模、效率和污廢水排放及處理的考量。

15.需要多少輛停車空間（含法定標準、市場未來需求和獎勵
空間的必要性），配合管理與安全需求的動線規劃。

基本表現

　　基本構思是旅館建築規劃的第一要務，從問題考量的切入可
以發現，旅館建築的規劃是一種依據市場定位，從內部功能配置
需求的理性考量爲出發，它是一種「由內而外」（Inside-Out）的
思考模式，並不是容積率與建蔽率的飽和使用，這是與一般建築
規劃最大的不同處。

　　在規劃旅館建築功能「理性」思考的同時，也須配合市場設
定「感性」的商品形象包裝一併考慮，例如，建築的造型風格之
構想、空地與環境景觀的計畫與氣氛營造等，配合當地的建築法
令和規定同時進行。這裡要注意的觀念是：旅館建築是以市場定
位設定 Inside-Out 的理性考量，加上形象定位，感性包裝；但並
不一定要將建築物法定的「建蔽率」和「容積率」使用到最大極
限，有時「充滿」反而扼殺了旅館未來市場形象、經營政策與獨
特的風格。

　　本階段的完成應提示的圖面有：

1.旅館基地配置圖（Site Plan）。
2.旅館建築各樓層營業配置圖（Floor Plan）。（含生財設備及
器具配置）
3.旅館建築各向立面設計圖（Elevations）。
4.旅館建築大剖面圖（Sections）。
5.環境景觀規劃圖（Landscape Plan）。

營運設施配置

　　營運設施配置就是確定基本表現中設施與營業配置關係，接
著就是配合具體的規劃設計圖，很詳細的以書面配合圖面加以表
達：例如，區域面積、高度和設備與營運功能或操作方式等。表

達的重點大綱如下：

建築設施

建築基地區位圖

都市計畫區的比例為 1:500；非都市計畫比例為 1:5000 地形基本圖（航空測量照相圖）及 1:25,000 地形圖，來表現區位關係、公共設施配置關係及交通動線情況。

地籍、地形與建築配置套繪關係

若為非都市土地須再套繪地籍圖，以確定地權和地用範圍；套繪地形圖以確認坡度與水土保持等整地工程關係。

基地配置圖

就是一張從空中往下看的俯視圖，表現建築配置與基地和空地景觀的關係，基地與外接道路的動線關係；旅館客人進出、貨物進出及職工進出的動線關係。

配合基地配置圖的各個方向建築立面圖
上述各項的書面說明

1.基地概要說明：基地座落地段及地號；謄本面積。

2.建築物概要說明：

① 各樓層面積及總樓層地板面積。

② 使用分區：商業區、住宅區、旅館區、風景區或非都市土地的遊憩用地編訂、丙種建築用地……等。

③ 建築面積：建築物最大使用樓層之投影面積。

④ 法定空地：法定空地的規定比例。

⑤ 建蔽率：建築面積／建築基地面積＝百分比（％）。

⑥ 防空避難室檢討：台灣都市計畫規定配合「備戰及避難」條件特有的單行法規，一般非都市土地的山坡地可以申請免設。

⑦ 停車空間檢討：旅館建築法定停車空間分為兩類：

■國際觀光旅館：都市計畫內樓地板面積 300m²以下免設；超過 300m²部份每 150m²設置一輛；都市計畫外超過 300m²部份每 250m²設置一輛。

■一般旅館：都市計畫內樓地板面積 500m²以下免設，超過 500m²部份每 200m²設置一輛；都市計畫外超過 500m²部份每 350m²設置一輛。

彩色透視圖或模型

內部營業設施規劃

從旅客進出的前場動線之順序，後場服務管理動線，依次說明介紹。

迎賓玄關大門 ⟹ 大廳

包括：前臺位置、大小及功能；大廳面積和式樣；服務中心、大廳經理，前臺辦公室等。

各種形式的餐廳及酒吧

面積、功能、氣氛、席次容量及服務方式；廚房及備餐室面積和餐廳的比例、設備與動線管理關係。

會議或宴會等公共空間配置及功能說明

後場服務動線關係。

其他服務設施

商店、美容室、健身房、三溫暖……等設施配置。

各式客房規格及配置

樓層、面積、走道、浴室設備及其他服務設施，例如，冰塊服務、自動販賣機等設備。可顯示客房配置表。

垂直動線關係

客用電梯規格及數量、配置位置；服務電梯的規格、數量及與備品室的配置關係。安全樓梯的配置與動線關係。

後場管理設施

員工進退場管制設施、貨物進出場管制設施及卸貨場地情

補充說明：
客房規格的認定不只是客房面積而已，最重要的就是根據市場定位規劃出床鋪的規格和配置數量，它是市場行銷與市場需求的重要訴求。

況，房務部門及洗衣房的配置關係；管理部門與員工更衣、休息室及員工餐廳關係；行政管理部門或財務管理部門與中央倉庫及廚房或房務管理的動線關係；機電設備空間與後場管理關係等作一綜合性的動線關係說明。

機電空調及控制設備

對外線供電、高低壓電氣設備系統，衛生給排水、排污設備系統及處理，冷暖房空氣調節設備系統，災害防治及警報設備系統，緊急發電機設備系統，電話、電腦及廣播音響設備系統等設施的基本概念系統規劃說明。

其他生財設備系統

洗衣房設備、廚房設備、冷凍冷藏庫設備、員工餐廳設備、中央倉庫（食品及非食品）設備、燃料供應系統設備、室內停車場等，作基本概念說明。

戶外設施

游泳池、網球場、兒童遊戲場、高爾夫球場或練習場、花園綠地及停車場等，作一綜合性設施概念說明。

旅館籌建總體工作概算

依據前面初步的具體設計圖及設備概況，可以作出整個旅館硬體工程的工程概算。旅館硬體工程因配合後續的開發計畫中的財務計畫及經營管理上的需要，在工程項目的分類與歸納上也和一般的建築工程有些不同，一般的建築工程因為不必顧慮所謂開發財務分析和後續的經營管理，只將結構、建築外觀裝修、基本隔間和基地整理即算完成交屋，而其建築成本就以總工程費用除以面積，則為一平方米或一坪（1.83m×1.83m，平方米乘 0.3025 等於一坪）多少費用；在全新開發的旅館硬體工程概算中，一般的國際性專業算法是「一間客房」的工程造價多少，這裡所指的「一間客房」是指：將總體工程費用以旅館的房間數量來平均，則

這樣計算下來的「一間客房」單價內容包括：

建築結構體工程

指純粹建築結構體工程。及地下室開挖、安全措施、鋼骨結構、鋼骨混凝土結構或鋼筋混凝土結構等工程施工範圍。

建築裝修工程

結構體工程後續的建築裝修工作。所謂建築裝修工程是指固定的建築內外裝修工程，包括：外牆裝修粉刷、門窗或帷幕、室內隔間、各種金屬或木作室內門扇、牆面及地坪粉刷或塗裝、固定木作裝修、平頂裝修等，壁紙或壁布的張貼、地毯的鋪設、玻璃安裝等之類的非易損半永久財，都包含在本工程範圍內。

機電設備工程

1. 電氣高低壓配電工程、弱電配管工程。
2. 緊急發電機及不斷電系統設備。
3. 衛生給排水工程、鍋爐設備工程、衛浴設備工程、污廢水處理設備工程等。
4. 冷暖房空氣調節工程、緊急排煙設備工程、廚房排煙換氣工程。
5. 消防設備、火災警報系統設備、緊急廣播設備。
6. 中央監控及監視工程。

生財設備器具(Furnishing, Furniture and Equipment簡稱F.F.&E.)

1. 客用電梯、電扶梯及服務電梯設備工程。
2. 電腦設備系統工程。
3. 電話設備系統工程。
4. 客房狀況指示器系統（Room Indicator）。
5. 廚房設備工程。
6. 照明燈具設備。
7. 客房各式家具設備。

8.公共場所及餐廳各式家具設備。

9.音響設備系統。（可與緊急廣播設備合併規劃）

營業生財器具（Small Operating Equipment 簡稱 S.O.E.）

1.後場辦公室家具。

2.辦公事務機具設備。

3.客房服務用推車及置物架。

4.餐飲服務用推車、工作車和置物架。

5.廚房用具。（鍋碗瓢盆刀鏟等用具）

6.餐廳各式餐具、銀器、玻璃容器等。

7.布巾類用品。（床單、床罩、枕頭、毛毯、桌布、口布、
毛巾、浴巾、腳巾、抹布等消耗性物品）

8.交通工具。（大客車、小客車、貨車等）

9.店內外的指示標誌和指示牌。

10.裝飾佈置藝術品。（Art Work 各種圖畫、器皿或藝術品
等）

11.工程維護工作用工具和設備。

庭園景觀外構工程

若旅館周圍環境空地需作整地或水土保持工程、景觀庭園規
劃設計工程者，都稱為外構工程，其工程內容：

1.大地工程。（大型整地工程）

2.庭園景觀工程。（等於細部整地和景觀建築工程）

3.護坡及排水工程。

4.外構水電工程。

5.植栽及養護工程。

第一次直接成本費

1.文具及印刷用品費。

2.制服設計及製作費。

3.餐飲直接成本費。（乾貨、飲料、酒類、生鮮蔬菜及魚肉等）

4.籌備開辦費：有的旅館公司將其併入旅館籌建成本總體計算；也有將其排除於整體硬體設施範圍外。一般籌備開辦費用其內容包含：薪資、向政府申辦各種手續規費、車馬費、公關費和各項雜支。建築師、會計師及各項顧問費用不包括在內。因本項目在籌建工作中所佔比例不大，可依據各公司對各項開支的看法彈性解釋包含範圍。

以上各項內容的概算總和，即為旅館籌建總體工作概算，可提供後續的財務計畫評估使用。

第 4 章

旅館規劃與經營管理

旅館的經營管理理念是根據前述的市場定位和經營理念來建立的。旅館商品是一項有限資源和有限數量的商品，在本書第一章第二節旅館產業的特質已經詳細陳述，所以在這種條件限制下，應該就旅館行業的特質來作最有效的運用和規劃。旅館事業是一種未來事業，無論是全新開發或重新整修的旅館，都要考慮在未來的市場中的定位設定，例如，一架國際航線的巨無霸客機，它設有頭等艙、商務艙和經濟艙，旅客可以選擇他們的需求，反過來說艙等的設定可以適合各種不同市場要求的客人，但他們卻搭乘同一班飛機。同樣的情況，旅客對旅館住宿的需求也是同樣的，有的人只要最基本的條件即可；有的人需要舒適氣派；有的人需要賓至如歸充滿溫情，這就是旅館事業規劃「原創性」的重要，這原創性裡面包含硬體和軟體，而軟體的效應比硬體強烈的多。其次就是價位的定位，各種軟性的服務訴求，當然最重要的基本條件就是「服務」，而服務就是「人工」創造出來的，這裡的直接成本最高，所以越注重服務的旅館所表現的直接或間接的細節越多，旅客越滿意，相對的消費也就愈高，長期口碑影響之下其企業形象越好。

經營管理的理念與形象建立規劃

一般來說，獨立或少數連鎖的旅館容易貫徹經營理念和建立良好的企業形象，例如，美國 1830-1850 年代南北戰爭結束後因工業發達而產生的大資本家時期，於該時期成立的「華爾道夫酒店」（The Waldolf-Astoria Hotel）開風氣之先。二次世界大戰結束後，進入商務旅館時期，1954 年 Mr. Conrad N. Hilton（1887-1979）創立「希爾頓飯店」經營系統，推出「連鎖經營」的市場行銷方式，取代過去資本主義所建立的所謂「Hotel 是奢侈的地方，一般庶民是無緣使用」（Grand Hotel 時期史達特拉Ellsworth

M. Statler, 1863-1928）的歷史榮耀。史達特拉提出旅館功能的社會定位，是資本家商業及交誼的場所，爲特定少數使用。在戰後，除美國因隔著太平洋與大西洋，其戰事都在外地，無損其本國元氣外，其他地區無論戰勝國或戰敗國，均須復原重建，經濟復甦與振興民生基本物質，是各國急需進行的工作。對旅館產業來說，除接待來往高官貴賓外，社會功能又類似 Grand Hotel 時期，一般社會活動功能不顯。接著韓戰爆發，世界形成東西兩大集團，而美國以其雄厚的經濟實力，大力支援盟國，包括：戰敗國日本在內，美國國內商務經濟活動活絡，「希爾頓飯店」集團首先推出「連鎖經營」，喊出提供「世界最好的服務」，其重點標榜：

1.便利的（Convenience）
2.舒適的（Comfort）
3.乾淨的（Cleanlines）
4.合理價格的（Reasonable Price）

　　這時爲「商業旅館時期」。在同一時期，尚有與希爾頓並稱美國二大旅館系統的「喜來登旅館」（Sheraton, Mr. Ernest Henderson 1897~1967 創辦）。不久威爾遜 Mr. Kemmons Willson 創設「假日旅館」（Holiday Inn），也推出連鎖系統經營，配合美國軍事和經濟對海外的援助，大力推展廣大的海外連鎖市場，目前是世界最大的旅館連鎖系統，曾經超過一千家以上的分店連鎖經營，「假日飯店」系統成功的因素在於：

1.美國國內旅行形態在戰後隨者高速公路網的擴建，旅行者汽車使用率急速增高和普及，「假日飯店」是以「汽車旅館」（Motel or Motorist's Hotel）因應時代變化創設。
2.「假日旅館」從設有停車場的「汽車旅館」經營入手，進而調整朝有停車場設施的高級旅館經營，低房價策略是最重要的手段。

3.以低房價設施經營的「專業知識」（Know How），這就是「假日飯店」經營的眞髓，人事費用的節約、服務方式導入實踐、淸潔婦（Maid）人數的減少和工作效率的提高、客房的構造和內裝材料的檢討等，這種降低經營成本的企圖，使當時傳統美式旅館從業員平均每間客房 1.5 人，紐約希爾頓爲0.7人，而假日飯店爲0.6人。

目前世界旅館市場已經進入「新時代旅館時期」，冷戰在 1991 年結束，全球各區域性的合作經濟開發，第三世界亦逐漸邁入開發中國家，經濟已大幅改善；隨著全球交通航空網路的普及，不同地區或國家的人際關係亦隨之拉近，親切、和善、友誼、交流等活動就是新時代旅館時期的市場寫照。

「新時代旅館時期」的市場乃是沿襲「商業旅館時期」最後階段的特色，也就是早期的資本主義商業商機行爲逐漸普及化，而不是掌控在少數大財團或七大工業化國家的大公司手中，中小企業商機抬頭；亞洲地區四小龍已經進入已開發國家，也漸漸帶動及影響東南亞國協國家及中國大陸；大英國協國家及地區、西班牙語系國家貿易關係及早期殖民關係國家地區，都在世界和解及交通便利條件情況下，發展多元商業交流，觀光事業在此一有力帶動的情況下蓬勃發展，旅館產業呈現出一片大好前程。同時拜電腦科技發展之賜，旅館的經營管理自 60 年代開始大型電算機便已應用在旅館會計及出納管理上， 70 年代更進入電腦化時代，國際標準的制式管理軟體普遍的被採用，只是在固定的套裝軟體上，配合國情或地方人力管理及服務特徵稍加修整即可使用。

在旅館產業整體消費市場及經營管理設施條件逐漸成熟，企業形象又被社會大眾所肯定的情況下，許多企業家漸漸對這種「大額投資、高收入及高知名度」的產業發生高度興趣，意圖踏入旅館產業投資的領域。這是一種社會經濟逐漸向高度發展的正常

過程現象，在多年的工作經驗中，發現許多投資者對旅館產業投資的介入方式和程序，及投入後最終的企業目標在哪裡，都沒有很清晰的概念，所以常在投資過程中走了許多冤枉路或錯投許多資金。所以在旅館產業開創與經營管理的要件中，一定要確認幾項要點：

1.概念（Concept）：產業概念及投資理想是設定的目標，而首先要在旅館產業開發地點中，找尋市場定位。

2.方法（Method）：依據概念及市場定位，而設計出來的經營管理方法及條件，即是經營政策的大綱訂定。

3.形象（Image）：依據概念及市場定位，來設定並建立企業的市場形象，它是公司無形的財產、企業的象徵，時常舉行推銷及促進活動。

管理組織與編制規劃

旅館管理組織系統

「旅館管理組織系統」是依據一個可以推動國際性「制式管理系統」的營運活動，為基本架構來規劃的系統計畫。依據國際性習慣及國內的組織經驗，一般旅館組織配合管理上的「制衡」需求，基本上可分為八大部門，而部門的排列先後秩序依據經驗為先前場而後場，先營業而後管理。

市場行銷部（Marketing and Sales）

早期稱為業務部（Sales Dept.）。執行市場情況調查及產品行銷業務。

公共關係部（Public Relation）

執行公司形象建立及促進活動，社會及市場公共關係的協調和促進。美工作業屬於本單位管理。

客房部（Room Division）

　　為旅館兩大營業部門之一，組織內設有兩大系統：前場的客務部（Guest Relation）及後場的房務部（House Keeping）。

客務部

　　前台（Front Desk or Front Counter）、前台辦公室（Front Office）、訂房組（Reservation）、話務組或總機房（Operator or Switch Board Room）、服務中心或行李服務（Service Center or Bell Captain）、大廳經理（Duty Manager）等。

房務部

　　房務辦公室（House Keeping Office）、制服管理（Uniform Keeper）、洗衣房（Laundry Room）、樓層服務站或備品室（Floor Station or Linen Room）

餐飲部（Food & Beverage Department）

　　為旅館兩大營業部門之一，組織內設有前場的餐廳組（Restaurants）、酒吧（Bar）及後場的廚房組（Kitchens）、宴會訂席組（F & B Reservation 亦可配置於前場）、餐務組（Steward Section）。

餐廳

　　包括各種餐飲服務功能的場所，咖啡廳（Coffee Shop）、各式中西餐廳等。

廚房

　　是旅館餐廳專門提供「食物」（Food）製造的場所，配合前場各式餐廳的服務功能需求，設置各式廚房，但有些渡假性旅館或宴會功能特強的旅館，會規劃中央式廚房，以提供多種菜色來服務不同的餐廳。平面規劃時要注意廚房及餐廳動線的關係。

酒吧

　　是旅館專門管理餐廳「飲料及酒類」（Beverage）的單位，獨立賣酒類及飲料的前場叫「酒吧」；但配合廚房食物服務的飲料

管理空間也叫「酒吧」，因為它設在後場，所以稱為「服務酒吧」（Service Bar）。酒吧不但管理各種酒類及飲料，也包含管理使用後的空瓶子。

訂席組

配合餐廳及宴會廳或會議室的訂席需求，與菜單設計及活動功能的佈置要求，是旅館餐飲的主要靜態銷售窗口。

餐務組

旅館餐飲服務的餐具和銀器管理及廚房清潔單位。餐具的管理與損耗管制是成本控制的要件之一，組織的安排具有制衡管理功能。

財務部（Accounting or Finance Department）

為旅館財務及資產管理部門，內設有會計組（Accounting）、出納組（Cashier）、資材組（Storage Keeper）、電腦組（Computer Room）、成控組（Cost Control）等。

會計組

負責整體旅館帳目管理、稅務關係等作業。

出納組

主管旅館現金出納、旅客貴重物品保管及外匯兌換。

資材組

主管旅館物料之進貨驗收、入庫及領料、店舖出租及資產管理等業務。

電腦組

旅館電腦軟體規劃、網路的建立及各工作站的訓練及維護管理。

成控組

配合以上各組織數據、資料分析旅館營運成本、建立制式標準程式，提供管理單位做行政執行及調整的依據。

採購部（Purchasing Department）

負責旅館各項生財設備器具（Furnishing, Furniture and Equipment F.F.E.）、小生財器具（Small Operating Equipment S.O.E.）、及生鮮食物及飲料的詢價和採購作業，平時依據旅館專業需求規格，建立各種物品的檔案規範，作爲制式管理的重要環節。一般旅館採購物品種類均超過五千種以上，採購組織基本架構約分爲食品及非食品兩大類專業分類。

管理部（Adminstration Department）

負責旅館行政管理及考核，管理部設有人事組（Personal Department）及安全組（Security Department）。

人事組

主管旅館人力募集、招考、聘任、管理、考核、福利、退休及專業訓練、人力資源開發等業務，是旅館「軟體」最重要的運作單位，也是旅館的經營「能源」。

安全組

主管旅館安全、警衛、交通指揮、停車管理的業務。

工程部（Engineering Department）

負責旅館硬體設備的維護及保養，庭園花木的養護及清潔等業務。因專業技術分門別類，故分工分組爲：（1）物料管理；（2）電器組；（3）弱電組；（4）衛生及鍋爐組；（5）空調組；（6）裝修組；（7）庭園組。

物料管理

由行政助理或秘書兼任。

電氣組

負責高低壓電力、照明等設備及用電管理。

弱電阻

負責電話、音響、火災警報、資訊等路線維護及管理。

衛生及鍋爐組

　　負責給排水管線、熱水鍋爐、衛生設備等維修及管理。

空調組

　　負責冷、暖房之空氣調節系統設備之維護及管理。

裝修組

　　負責旅館裝修及家具設備之維護及管理。

庭園組

　　負責庭園花木之養護及清潔和管理。

　　旅館組織可配合旅館規模及市場定位需求關係，依據上述基本部門功能做適當或彈性的調整，例如說：小於 100 間客房的旅館或位於渡假區少於 150 間客房的旅館，可以將上述組織縮減爲只有「前場」的營業部及「後場」的管理部，但無論如何縮減其基本「制衡」架構精神一定要保留，不然在經營管理上會造成無法彌補的傷害。中型規模的旅館，有時可以將市場行銷部與公共關係部門合併聯合辦公；中型渡假旅館又常因配合市場定位，需要有開發節目活動或利用遊憩設施的功能，可考慮在前場設立「休閒部」（Recreation Department）運作或推廣各種休閒活動，在這方面最有名的就是地中海俱樂部（Club Med.）及最近幾年興起的「太平洋島俱樂部」（Pacific Islands Club），他們利用旅館設施推廣各種休閒活動，使旅館、旅客及推廣者感到合作非常愉快，促成渡假旅遊又吸引旅客的重要誘因。

旅館的人力編制規劃

人力編制規劃

　　旅館人力編制是依據市場定位及經營概念運作所需，作成經營組織規劃及配合設施的配置關係，基於作業平均活動量估算而成的，這個估算的數字將會隨旅館客房的住房率（Occupancy）、餐飲及其他休閒活動的營業使用率而有所改變的。當然，在最初的第一年並不會達到這些估算的數字，但在往後的幾年裡會慢慢

的達到。

　　以目前旅館市場的運作活動，常常有些欲投入旅館產業的企業家或規劃者，在旅館的人力編制上，常以平均一個客房比對多少管理人力來做初步的人力成本評估，這是本末倒置的錯誤經驗觀念，人力編制的量是依據開發概念而設定市場定位，配合市場定位規劃出硬體設施及設備，再配置人力來運作。所有的人力與客房數的比例都是事後統計分析的資料，而不能以這種資料來設定人力，那將會失去原來的定位政策和經營方法。

旅館籌備作業計畫

　　旅館的籌備工作，是整體旅館事業開發過程中，從規劃期進入實現期的一個最重要的執行方法和手段。無論旅館的整體開發計畫如何完美，市場定位如何正確，建築硬體規劃設計如何完善、工程施工品質如何優秀，但如果旅館的籌備不夠專業或作業程序不正確、或作業方式程度太低等等因素，都會造成後續經營管理的嚴重錯誤。

旅館籌備作業者團隊的背景經驗

　　大約可以區分為：（1）旅館開發籌備專業；（2）旅館經營管理專業兩種。

旅館開發籌備專業

　　就是「從無到有」的「原創性」開發專業，撰寫或製作開發計畫（Master Plan）或依據開發計畫來執行旅館籌備作業工作，製作籌備作業進度計畫、製作各項專業部門的總體作業大綱及程序、籌備作業的工作預算及財務計畫、推展及督導各項業務計畫的執行、旅館開幕計畫的協調和推行……等，工作壓力繁重但具

有高度的成就感。在旅館順利開幕後約再執行一至二年的市場與經營調整作業，即離開原來的工作崗位，轉移陣地再爲下一個旅館的專案執行開發工作，通常國際性的旅館經營管理公司或連鎖性的旅館集團都具備有這樣的一組專業開發人才和團隊，專門執行旅館開發及籌備工作。

旅館經營管理專業

就是依據旅館開發籌備專業者，制定的經營管理模式與方法，加上本身的旅館管理的經驗專長，來執行旅館營運的作業，也就是「永續經營」的執行者。這種經營管理專業也是很辛苦的工作，平時的經營管理工作，在按照各種管理準則和程序運作一段時間之後，都可以很輕鬆的安排作息時間和順利的工作，但每年、每月都會面對經營業績的壓力，尤其是旅館經營越久，若無一套很人性化的吸引力和新鮮感，因旅館的老舊，對旅客的流失會感到惶恐。這種現象在早期商業時期的歐洲，那些老舊的旅館成功的經營方式，倒是可以借鏡的。

旅館籌備作業的程序

基本上，在旅館籌備時，籌備工作的導向和偏差，其重要性將長期影響到旅館的永續生命和市場定位。所以，在籌備期間工作的「人」之選擇和執行者的使命感，是後續旅館事業成敗關鍵。旅館籌備工作的程序，均與各國家地區的法令和規定有所關聯，但一般的程序大約爲：（1）旅館設立的申請、等級、資本額、營業規定等；（2）旅館建築工程及設備的施工和採購；（3）旅館籌備作業內容和程序三種。

旅館設立的申請、等級、資本額、營業規定等

台灣地區

1.一般旅館：設立於商業區、風景區，爲特種營業。
2.觀光旅館：一般觀光旅館，設立於商業區、旅館區及風景

區。國際觀光旅館，設立於商業區、旅館區及風景區或省轄市和院轄市住宅區。

3.國民旅舍：設立於風景特定區或國家公園

新加坡地區

不分規模大小均由新加坡旅遊促進局（S. T. P. B. Singapore Tourist Promotion Board）依據規模大小分級管理。

中國大陸地區

因所有旅館事業均爲國營，雖然目前有少數外資加入但多爲合資方式。旅館的設立均按一般旅館規定籌設，因爲國家尙未開發完成，只是針對「涉外」旅館於完工開幕後再執行「評定旅遊涉外飯店星級的規定和標準」的評鑑。

旅館建築工程及設備的施工和採購

若爲整體旅館改造，其工程作業方式亦同。本階段的工作主導幾乎由旅館投資公司或建設單位，依據開發計畫中有關建築及硬體設施後續設計工作；其工程執行和主要設備的採購；旅館籌備單位的立場屬於建議或諮詢工作，但對整體工程的進度掌握，和機電方面的管線關係一定要與施工單位會同確認，以利將來工程移交接收後的管理和維護工作。

旅館籌備作業內容和程序

組織公司

依據公司法之規定向經濟部申請正式組設股份有限公司，從事興建及經營旅館事業。若是觀光旅館之籌建（含國際觀光及一般觀光旅館），依據行政院交通部「觀光旅館業管理規則」第四條規定：「興建觀光旅館以新建者爲限，並應於申請建造執照前，填寫申請書檢附下列文件，向觀光主管機關申請籌建：

1.發起人名册或董監事名册。
2.公司章程。
3.營業計畫書。

4.財務計畫書。

5.土地所有權狀或土地使用權同意書及土地使用分區證明。

6.建築設計圖說。

7.設備總說明書。

8.其他有關文件。

前項申請籌建案，如已領有建造執照，但未施築結構體者，得準用之。前二項申請案件，國際觀光旅館由交通部觀光局受理，觀光旅館由省（市）觀光主管機關受理，均應於收件後十五日內核覆。經審查合於規定者，應將核准籌建函件副本抄送有關主管機關、主管建築機關、公司主管機關及警察機關。

旅館經營業務範圍

依據交通部觀光局核准籌建之公函向經濟部申請營業項目變更為：「國際觀光旅館」或「觀光旅館」，即可依據「發展觀光條例」第三章經營管理第十九條：「觀光旅館」業務範圍如下：

1.客房出租。

2.附設餐廳、咖啡廳、酒吧間。（註：非觀光旅館附設之餐廳、咖啡廳及酒吧間均須獨立申請營業執照，咖啡廳及酒吧間又屬於特種營業範圍）

3.國際會議廳。（註：非觀光旅館之國際會議廳須另行請照）

4.其他經交通部核准與觀光旅館有關之業務。（註：例如，商店、三溫暖、健身房、美容室、室內遊樂設施、洗衣房、旅行服務、外幣兌換、郵電服務、游泳池、網球場、高爾夫練習場、射箭場等）

觀光旅館因營業需要，得經申請核准後，經營夜總會。

申請銀行融資貸款

一般銀行或其他金融單位對觀光旅館的市場潛能都保持相當高的融資興趣，若能提示公司土地、開發計畫書和交通部觀光局核准籌建的公函，經過金融公司同意之「建築經理公司」的徵信

和公證，並在籌建過程中經過其見證與監造，然後向一般信用往來良好的銀行或金融單位要求融資，他們都樂意接受，並且有優惠的利息和還款條件的。

組織旅館籌備處

成立旅館籌備處組織，綜理全盤旅館工程興建及經營管理之籌備工作。旅館工程興建工作之進度計畫是整體旅館籌建工作的實現執行手段，其執行作業以旅館投資公司或建設單位為執行主導，旅館籌備處為執行諮詢和協調單位，也是未來旅館經營使用管理者，所以一切旅館興建之綜合業務推展，籌備處具有很重要的責任。

申請核准興建一般旅館或觀光旅館

一般旅館的籌建程序：

1.成立公司。

2.旅館建築規劃及設計，申請建造執照。

3.申請各項相關營利事業登記。

觀光旅館的籌建程序：請詳閱前節「組織公司」。

申請建造執照

依據「組織公司」中有關觀光旅館的籌建核准，主管核准機關經審查合於規定者，將核准籌建函件副本抄送地方主管機關，旅館投資公司乃據此檢送已經核准之旅館建築設計圖面，向地方主管建築機關申請建造執照。

製作旅館硬體設計圖說及施工計畫

旅館硬體設施的規劃設計工作，是依據開發計畫來執行的後續作業，它包含：

1.建築及結構設計。

2.裝修設計（含建築裝修及室內裝修）。

3.電氣系統及設備設計（含高低壓強電及弱電系統，弱電包括：電話系統、音響系統、電腦資訊系統等）。

4.消防設備系統設計（含緊急供電系統、灑水系統、緊急排煙系統、緊急廣播系統、消防栓箱設備、火災警報感應系統、緊急避難設備等）。

5.衛生給排水系統及設備設計（含排污及污水處理設備）。

6.空調設備系統設計。

7.中央監控及監視設備系統（含館內電視或影片播放系統）。

8.生財設備及器具設計（Furnishing, Furniture and Equipment 簡稱 F. F. & E. 包括：廚房設備、家具、地毯、窗簾及其他布巾類）。

9.照明器具設計（除一般既成燈具外之特別燈具設計）

10.美術或藝術擺設器具（Art Work美術圖畫、裝飾品、室內外盆栽或植栽等之擺設或裝置藝術工作）。

11.小生財器具（Small Operating Equipment 簡稱 S. O. E. 例如，廚房用具，各式酒杯、水杯、餐盤碗筷刀叉等，服務推車、辦公家具及用具、清潔用具、工程部工具及零件材料、制服及交通車輛等）。

12.旅館內外指標（含店招、公路指標牌、館內各種服務指標及活動的各種海報架）。

以上各項工程或設備之設計及選樣、採購或發包，及工作進行中之工程監造和期中核對，工程末期或完工後設備的使用和驗收等，及總體進度的控制計畫。

整體旅館籌備運作之規劃

1.具有休閒旅館特性之規劃：

① 特有氣氛與文化傳統之配合考量。

② 休閒設施之規劃安排。

③ 各種會議活動招攬規劃。

2.一般商務旅館特徵之規劃：

① 各營業場所佈置與色調之配合。

② 旅客接待流程佈置。

③ 旅客接待人力部署配置。

④ 各種會議及宴會之招攬規劃。

3.整體營運與部門工作之規劃：

① 籌備細部進度與管理控制。

② 管理系統規劃。

③ 現場動線規劃。

④ 作業流程規劃。

4.全面電腦作業之規劃及硬體、軟體製作，先期業務宣傳及拓展之規劃，開辦費預算之編製，經營第一年全年收支細部預算之編製。

經營管理設備之規劃

1.規劃程序：

① 設計或選樣。

② 申請訂貨或發包。

③ 進場進度控制。

④ 進貨品質控制。

⑤ 收貨──儲存、發放、分類準備。

⑥ 接管作業。

⑦ 管理配置。

⑧ 試用（試車）。

⑨ 調整及修改。

⑩ 驗收。

⑪ 儲存。

⑫發放。

⑬補充。

2.規劃項目：

①照明燈具設備。

②電話設備系統。

③音響設備系統（含戶外廣播及緊急廣播）。

④消防設備系統。

⑤標誌號誌系統。

⑥運輸設備。

⑦室內裝修及家具。

⑧客房設備。

⑨客房浴室設備。

⑩各種服務台及前台設備。

⑪餐飲設備。

⑫宴會廳及夜總會設備。

⑬戶外餐飲設備。

⑭保健及美容設施。

⑮庭園美化及室內盆景。

⑯辦公室設備。

⑰電腦硬體設備。

⑱員工用室設備。

⑲員工制服。

⑳美工及印刷設備（含事務機器）。

㉑保養修護設備。

㉒倉庫設備。

㉓中央監視設備系統。

作業程序及工作準則之訂定

1.辦事細則。

2.人事管理規則及作業程序。

3.員工手冊。

4.工作說明書。

5.客務作業程序及準則。

6.房務作業程序及準則。

7.洗衣作業程序及準則。

8.餐飲作業程序及準則。

9.業務推廣作業程序及準則。

10.財務作業程序及準則。

11.財產管理作業程序及準則。

12.採購作業程序及準則。

13.倉庫管理及驗收程序準則。

14.保養作業程序及準則。

15.安全作業程序及準則。

16.公共設施管理規定。

17.總務作業程序及準則。

18.交通管理及運輸服務準則。

員工進用及訓練

1.總經理（副總經理）、經理之聘用。

2.中級幹部聘用與訓練。

3.財務人員聘用與訓練。

4.基層人員之考選。

5.基層人員先期訓練。

營運準則規劃

1.房間編號及訂號。

2.訂定房價。

3.各式菜單規劃與製作。

4.業務宣傳規劃──引導作業、促銷活動。

5.宣傳資料設計製作。

6.開幕前之促銷。

7.接受訂房。

8.服務台規劃──前台、服務中心。

9.接機作業規劃。

10.俱樂部推展。

11.美工、印刷規劃。

12.申請加入旅館協會及同業工會。

13.申請加入觀光協會。

14.申請加入太平洋旅遊協會。

公共設備管理

1.通信系統規劃。

2.公共設施管理規劃。

3.交通管理規劃。

4.運輸服務規劃。

5.安全消防規劃。

6.申請銀行設置。

7.申請外幣兌換。

8.申請郵電代辦。

附設營業設施規劃

1.商店規劃與出租。

2.三溫暖經營。

3.健身房管理。

4.美容院經營。

員工用室及制服規劃

1.員工制服設計及製作。

2.員工宿舍。

3.員工餐廳、廚房。

4.員工更衣室、盥洗室及休息室。

開幕準備

1.開幕計畫。

2.環境整理。

3.分層試車。

4.暫時接管作業。

5.觀光旅館勘驗及領照。

依據交通部「觀光旅館業管理規則」第八條:「觀光旅館興建完成後,應備具下列文件報請原受理之觀光主管機關會同警察、衛生及建築等有關機關查驗合格後,由交通部發給觀光旅館業營業執照及觀光旅館專用標識,始得營業:

① 觀光旅館業營業執照申請書。

② 建築物使用執照影本及竣工圖。

③ 公司執照影本及職工名冊。

6.申請各項證照:

① 建築物使用執照(按建築法規辦理)。

② 申請送電及接水。

③ 瓦斯及燃料油接通。

④ 觀光旅館營業執照。

⑤ 營利事業登記證。

⑥ 稅籍登記,領取統一發票。

⑦ 鍋爐執照。

⑧ 游泳池執照。

7.開幕先期直接成本原料進貨。

8.試營運（Soft Openning）。

9.調整及修改。

10.開幕典禮（Grand Openning）。

11.驗收。

籌備進度計畫

一般旅館籌建經驗進度，從開發計畫定案、建築及設備系統設計完成後，開始執行硬體設施工程及採購作業起到完工、試車、驗收、開幕為止，所需時間因旅館規模不同分為下列幾種：

1.小型都市旅館：100間客房左右以下，籌建時間為期 20～24 個月。

2.中型都市旅館：150 間至 300 間，籌建時間為期 24～36 個月。

3.大型都市旅館：350 間至 500 間，籌建時間為期 30～42 個月。

以上是以籌建工作經驗歸納的概估，僅供旅館籌建投資者計畫參考；若為渡假性旅館，或附設大面積庭園景觀及遊憩周邊設施例如，游泳池、網球場、高爾夫練習場……等設施，都得增加工程作業時間，其工程時間長短係依規模大小及繁簡而定，一般經驗配合良好的施工計畫亦會增加約 10 ％以上的工期。

旅館整體籌建經費概算預估

旅館整體籌建經費是指從無到有，完成一座可以營運的旅館事業，所需投資的整體經費，這裡面包括：硬體設施及軟體設備費用。一般來說，硬體設施費用佔大部份，軟體設備及開辦費、週轉金等也是不可或缺的，其內容範疇的釐定對後續的財務計畫

分析和經營管理的成本觀念建立是非常重要的基礎，茲針對 ：
（1）土地價款；（2）開辦費；（3）建築工程費；（4）生財器具
設備；（5）先期營運直接原料進貨；（6）先期經營週轉金等六
項說明如下：

土地價款

旅館基地土地購買的成交價款，但在成本分析時不得計入旅
館事業投資成本之內，因為土地是產業公司的資產，不是旅館投
資成本之一。在旅館產業的投資組織中，是先成立投資公司再成
立旅館事業經營的籌建工作，基本上它是兩個階段的管理作業，
而土地就是屬於投資公司的永久性、增值性及不可折舊的資產，
不是旅館事業的經營成本。

而旅館硬體設施及軟體設備是旅館經營的耗材，它需要保養
和維護，在成本管理上是有一定時間的折舊率和汰舊要求，若能
在管理和維護上超過使用年限，又配合成功的經營及良好的市場
形象，則旅館的硬體設施在未來將成為「古蹟」和「勝景」了。
國外有許多成功的例子值得參考。所以不能以房地產業的觀念來
看待旅館業的「土地」價值，因為「土地」在房地產的成本觀念
中是「商品」的成本，它是隨著地上的建築物成為完整商品來銷
售的；人力資源是旅館事業的原動力，是經營成功的最重要因
素。

開辦費

從籌備處成立一直到開幕，旅館有正式營收之前的這一段期
間內，為旅館事業籌備營運的一切花費開支，就是旅館的開辦
費。其內容包括：

1. 薪資：籌備處幹部及員工薪水及辦公雜支等。
2. 辦公設備費：辦公家具、事務機器、印刷品以及車輛等設
   備。
3. 專業作業費：建築師、會計師、專業技師及顧問等之設計

費、簽證費及業務執行酬金等。

4.各種規費：向政府登記或各種申請作業所發生的各種規定費用。

5.水電費：含用水、電氣、燃料、電話等費用。

6.保險費：籌備期間的各項保險費用。

7.業務推廣及公共關係費用。

8.開幕酒會：開幕酒會的所有開支及禮品、紀念品等費用。

建築工程費

旅館建築工程因配合工程管理不同程度的需求，與未來後續經營管理的工程維護與保養的需要，依據工程作業順序通常都分成下列幾種工程。

建築結構工程

建築結構體工程包括：各種工法的基礎工程、地下室及地上樓層等工程，為旅館建築結構框架及樓板工程部份，將來長期營運不必維護之永久性設施。若為鋼筋混凝土結構則外牆、門窗、隔間及粉刷等部份併入建築裝修工程項目內；若為鋼骨帷幕牆結構，則外牆部份含於本項目內。

建築裝修工程

為旅館建築為外裝固定施作的各項工程，包括：外牆粉刷、室內外門窗、室內隔間、天花板、牆面油漆塗裝或壁紙張貼及地毯鋪設等固定裝修設施，將來長期營運必須編列維修經費養護的設施。

建築設備工程

為旅館建築基本功能運作的設備，包括：電梯、電扶梯、高低壓電氣系統設備、消防系統設備、衛生給排水系統設備、空氣調節系統設備、停車場設備、污水處理設備等，為配合旅館建築的基本營運功能固定長設之設備，將來營運後必須編列維修經費或資產重置費用來汰舊更新。

生財器具設備

生財器具設備，為旅館營運功能的基本設備，項目包括有：（1）家具設備；（2）廚房設備；（3）洗衣房設備；（4）弱電系統設備；（5）布巾類設備；（6）照明設備；（7）小生財器具；（8）館內外指標及招牌等八項。

家具設備

客房各式床鋪家具、餐飲部門各式家具、前場使用之推車服務台、碗櫥櫃等大型器具。

廚房設備

Kitchen Equipment 中西式爐灶烤箱、水槽、冷凍冷藏冰箱、工作台、洗碗機等固定設備。

洗衣房設備

Laundry Equipment 大小型洗衣機械、烘乾機、乾洗機滾輪平燙機、自動摺疊機、水槽工作台、各式壓板機等設備。

弱電系統設備

電話、電腦硬體、背景音樂及廣播、會議音響、舞台燈光及音響等系統設備，包括：配線與測試及操作訓練；但配管工程屬於建築設備工程範圍。

布巾類設備

Textile 基本上為半永久性設備，包括：各項地毯、各式窗簾、床單床罩等。

照明設備

除一般市面上既有之各式燈具產品外，還包含配合建築外牆照明燈具、室內各場所風格之氣氛營造的各類燈具。

小生財器具

Small Operating Equipment 簡稱 S. O. E.，在採購管理屬於籌備處作業範圍，包括：辦公家具、後場用服務推車、棚架、事務機器、廚房用器 Kitchen Ware（各式鍋子、蒸籠、工作機械、刀鏟等）；前場服務使用的有，客房清潔服務車、客房浴室物品

（浴巾、手巾、浴袍、沐浴用品等）、客房電視機、迷你酒吧冰箱、調酒用具、水瓶及水杯、拖鞋、手電筒、避難方向圖等；餐飲部餐廳的檯布、口布、水杯、各式酒杯、刀叉、杯盤碗筷等Table Ware；宴會廳的銀器、特殊餐具等；工程部各種維修工具儀器及重要配件等。

館內外指標及招牌

公路線路指標、旅館店招及戶外設施指標、館內設施功能及其方向指示；避難方向指標，以及各種臨時活動指示牌（Post Stand）。

先期營運直接原料進貨

文具、印刷品、各種員工制服及入庫充實之各種飲料、酒類、生鮮蔬菜、肉類、南北乾貨等消耗性直接成本原料。

先期經營週轉金

開幕後半年內（或三個月，或更長）配合營運需要週轉之現金。

綜觀上述說明可以了解，旅館整體籌建經費概算預估，是包括硬體及軟體的整體設施及預算，甚至包含先期營運之原料和週轉金，這才是一個有「生命力、活動力」的旅館事業，在籌建期間所需要計算出來的總經費預算，從整體預算中可以使投資人或投資公司可以通盤了解到，旅館事業到底要花費多少，並可從財務計畫的「損益預估」及「現金流量預估」中得到投資效益評估的依據；而旅館籌備單位也從整個概算中徵得董事會的確認和支持，才可依據概算來執行與推動旅館籌建和籌備，這個階段的動作是整體旅館籌建過程中，非常重要的一個環節，一定要謹慎製作才能順利執行。

第 5 章

旅館規劃與財務分析

財務計畫是旅館事業投資或資產買賣中最理性和最具評斷依
據的重要章節，旅館事業的管理就是財務制度的管理，所以財務
制度的計畫對一個籌建中的新旅館或預備重新定位改造的舊旅館
都是非常需要的。旅館財務管理技術的發展乃旅館產業發展歷史
的重要部份，而旅館產業的發展歷史如本書第一章旅館產業的歷
史沿革所述，對現代旅館管理體制影響較大的是商業時期以來的
社會改變。

旅館規劃及經營的會計制度

二十世紀初，美國的工商業急速發展，中產階級抬頭，鐵路
交通發達，公路及汽車工業的發展，更使一般人的往來增加，早
期的高級旅館業也隨著出現不敷使用的窘況，這時一般商業旅館
逐漸在市場冒出，超大型的旅館也陸續興建，而進入旅館業的商
業時期。1930 年的經濟大蕭條，經營不當的旅館關閉不少；接著
1941 年第二次世界大戰爆發，旅館業又興盛起來，平均住房率高
達九成，但因人力不足服務欠佳。大戰結束後，至 1948 年起旅館
業才慢慢地穩定下來，平均住房率保持 75%左右。戰後的旅館業
出現兩大特色，連鎖旅館組織及汽車旅館的出現，而投資開發量
因社會安定及交通發達，更是直線上升。

有關旅館會計制度方面，因應當時的市場進展有兩件事對以
後的旅館經營管理產生重大的影響：

1.美國旅館業於第一次黃金時期（1905～1915）由芝加哥的
  Northern Hotel Co.向國稅局提出訴願：要求旅館建築物及
  設備的加速折舊提高折舊率，減少稅賦。其訴願的主要理
  由是，在旅館市場投資興建蓬勃時，原有旅館的建築物及
  設備等商品價值愈來愈低，並且降低得很厲害（註：類似
  房地產的商品觀念），在行銷市場上亦降為二級旅館，這種

地位上突然間的下降，是由於不可抗力及無法阻止的原因，致使價值上的損失。

2. 1925 年由紐約旅館協會爲中心，邀請各界專家成立「旅館會計準則編輯委員會」從事研究制定旅館會計制度。1926年出版一本《旅館標準會計制度》（*Uniform System of Accounts for Hotels*），迄今幾十年仍有許多獨立旅館採用。由於該書的出版給予各旅館經營的會計制度及方法有參酌之處，使各旅館的作業上便利且業績容易比較。

在旅館事業開發的計畫過程中，財務計畫階段作業就是整個事業投資評估或後續執行的重要依據之一。旅館事業的財務計畫作業，必須先通盤了解旅館會計制度的運作方式，及其計算層次及負責層次關係，對投資者的融資計畫、資產折舊規劃、現金流量及往返調度需求情況等，是重要的評估重點。

從台灣的旅館事業各時期歷史中可以看到，各階段的社會經濟發展過程均扮演重要的角色，而旅館的經營管理制度，也因社會經濟的開發程度影響而有不同會計制度。日據初期配合早期商業架構的發展，由個人小資本經營逐漸擴大爲股東或公司制度；光復後配合政府多期的經濟開發計畫，在國際觀光旅館期（1963）以前，大部份觀光旅館仍停留在家族形態的企業組織，爲投資者兼經營者的狀態，較大型或較有制度的旅館在會計制度上仍引用1974 年以前日本觀光旅館的戰前綜合性會計方式，甚至沿用迄今，我們在第二章第一節中將它歸納爲「本土化經營旅館」。國際觀光旅館時期（1963～1973）（僅旅館規模大型化而無國際性觀念）開始有公開化招募股東的大型旅館投資出現，他們採用的會計數值可以公開，是衡量營運績效及改善管理的資料；而早期小資本或私人經營的旅館均隱密經營資料，僅以一般現金帳記帳法來經營，落差很多。1973 年以後台灣進入國際性旅館經營時期，透過希爾頓國際連鎖系統正式引進「美國旅館協會」（American Hotels And Motels Association 簡稱 AHMA），所採用的國際制式管理會

計制度，配合時代潮流與社會經濟變遷，本制度迄今已經修改七次。目前在台灣地區的國際性旅館事業組織的經營管理會計模式，大都採用 AHMA 所推薦的「旅館業統一會計科目分類」及本地旅館業一般使用之分類法記帳，除直接營業費用發生之部門承擔外，一般無法直接歸屬之營業費用皆由營業毛利中扣除。

日本旅館業因應已開發國家經濟水平及國際化經營，於 1974 年完成統一會計制度，作為全國旅館會計作業的準繩。台灣地區的旅館業也由台北市觀光旅館同業公會遴選 15 位各旅館財務、會計主管，費時三年研議，於 1983 年完成公佈，但迄今尚未能引起各旅館同業的重視及採用。

1987 年 7 月 15 日台灣地區解除戒嚴令、同時開放自由外匯市場， 11 月開放中國大陸探親。以當時社會經濟的發展已經達到升級的瓶頸，一般中小企業經營困境隨著社會的進步而顯現出來，社會經濟架構也達到需要轉型、淘汰或升級的階段，因應外匯開放與大陸政策的調整，企業開始出走海外和大陸投資，尤其是後者更因語言無阻礙及懷念故國風光，投資者非常踴躍，對旅館業的合資和投資經營不在少數。在經濟概念上，中國大陸因為實施社會主義公有財產的經濟體制，與資本主義國家的承認私有財產、自由市場、自由競爭的經濟制度及言論自由的社會大不相同，自由經濟國家的會計制度是以一定的記錄方式將許多經濟活動之價值資料，彙總以報告的方式達成計算目的，提供分析管理之用；而共產主義國家是生產資料公有制，計畫生產的經濟制度，由黨統制情報的社會，認為資本主義社會的生產資料為資本家佔有，各企業在激烈競爭下處於相互對立的地位，會計只能在企業、行政事業單位內發揮作用。社會主義國家的會計不僅在企業、行政事業內部可以發揮作用，而且在整個國民經濟的管理方面亦能發揮其積極的控制作用，所以在概念上與自由經濟市場大相逕庭。

　　財務計畫是事業計畫中據以理性評估的重要依據之一，在事業計畫的作業中，是佔有盈虧預估及資金調度計畫與經營管理診斷的顯性資料，配合 AHMA 及本地旅館事業經驗，一般使用之分類記帳法，加上編制預算計畫過程中，通貨膨脹因素也須一併列入考慮。依據目前市場及推估爾後之趨勢，客房租金及餐飲收入、成本及費用等收支，其平均上漲率的百分比，及部份費用之估算可依據目前市場同業經驗有關收入之固定比率來製作。「交通部觀光局」在觀光旅館籌建，對財務計畫報告的要求，也採用了這個範式，其實用性及評估依據的可信度很高，非常值得旅館事業開發業者的參考和利用。

財務計畫報告內容

資金來源

　　包括股東自籌資之實收資金、股東往返方式籌款方式、對外以未上市股票方式公開招募，以旅館籌建計畫書或建築經理公司之評估及徵信報告，配合公司自有之旅館基地與政府正式核准籌建之文件等要件，向銀行申請辦理融資貸款等方式，來籌措旅館籌建資金。一般經驗上來說，銀行融資通常可佔總體籌建經費概算（詳前章：旅館整體籌建概算預估）之 40%至 60%。在日本亦常有旅館投資公司只負責提供旅館基地抵押及總經費之 10%的自備金，其餘 90%均由興建之建設公司或銀行來融資貸款，利息負擔非常低廉。

投資回收

　　依據總投資額配合本章各節所述：基地引力分析、旅館設施

配置、經營與管理之經營理念、市場定位等作一旅館運作預估，以期估算投資回收期限。其內容包括：（1）會計方式；（2）損益預估表；（3）資產負債預估表與現金流量預估表。

會計方式

　　財務預算係採用權責發生制度來評估而得之，在這種會計方法下，當期之收入與費用確實歸屬至當期內，各項收入及支出項目之分類係採用「美國旅館協會」（AHMA）所推薦之「旅館業統一會計科目分類」及台灣本地旅館一般使用之分類記帳，除直接營業費用發生之部門承擔外，一般無法直接歸屬之營業費用都由營業毛利中扣除。在編制預算過程中，通貨膨脹的因素也必須一併列入考慮。其上漲或下跌比率之數據，及部份營業費用之估算，是依據當地旅館同業經營經驗有關收入之固定比率而得來的。

損益預估表

　　1.客房收入：

　　　①客房規格：

稱呼及設備	面積	備　　註
a.單人房 Single rm/Single bed Single rm/Queen bed	>13m²	國際觀光旅館標準不含浴廁面積，目前市場標準均同雙人房面積，亦有採用較大標準者
b.雙人房 Twin rm/2 Single bed Twin rm/2 Queen bed Triple rm/1 single＋1 　　　　　Queen	>19m²	國際觀光旅館標準不合浴廁面積，目前市場情況均採用較大面積標準
c.套房 Suite rm/King bed Suite rm/2 Ext. Single Suite rm/Ext. King	>32m²	國際觀光旅館標準不含浴廁面積，目前市場均採更大型標準

② 房租計算：早期以消極的實際開支爲基礎，有下列幾種計算方式：（1）以損益分歧點求出房租；（2）千分之一原則法；（3）以總支出加利潤求出房租；（4）以總成本與預估可收房租之關係求出房租；（5）實際客房成本；（6）以市場供需情況加上旅館開發計畫設定之市場定位計算等六種。最近因社會經濟結構成長，又加入積極的市場定位開發及旅館企業形象的附加價值計算。

■以損益分歧點求出房租：將旅館營運預估總成本，分爲固定及變動兩種，依照損益分歧點（Break Even Point）計算方法，求出平衡作爲客房租金之參考。

■千分之一原則法（The $1 per $1000 Rule）：以一間客房建築費之千分之一爲一天的房租的計算法。美國二十世紀前半，當時旅館市場以住宿爲主、餐飲爲副，幾乎所有的建築費都花費在客房，在這種市場情況下與目前不符，僅供參考。

■總支出加利潤求房租：爲美國旅館專家 Mr. Ray Huffart 所提倡，以一年總經費加目標利潤求出房租。

・一年總經費（E）
・一年目標利潤（P）%R
・客房數（R）
・平均住房率（O）%
　∵客房租金：$\dfrac{E+P}{R \times O \times 365}$

■總成本與預估可收房租之關係求出房租：依據市場調查或參考鄰近旅館的租金，來決定客房租金。

・預估一日房租（N）
・一年總成本（E）÷365一日成本（DE）

・一日必要之住房率%：$\dfrac{DE}{R \times N}$

∵則必要之住房率%為收支平衡點來推算

- ■實際客房成本：以實際開支為基準，依照會計原則求出每一間客房成本，再參考其他因素決定房租價格。
- ■以市場供需情況加上旅館開發計畫設定之市場定位計算。從市場供需及市場行銷情況，以比較法的方式配合原來設定之市場定位積極尋找出自己的房價。

③ 房價之季節調節：一般都會區旅館或商務旅館，除非是遇到區域性戰爭或經濟蕭條，受到季節性的市場影響並不太大；渡假區或風景區的休閒旅館的房價，都會強烈感受到季節性淡旺季的客房住房率及房價的影響，尤其是台灣地區的一般觀光帶或觀光點旅館，單就每週的中間平常日（Week Day）及週末（Week End）即有很大差別，所以在旅館房價的制定及住房率的預估時，此一重要因素一定要列入考慮的。

2. 餐飲收入：餐飲收入為旅館經營中與客房收入並列的兩大收入之一，其收入比率佔營業總收入之35～65%，可謂非常重要。台灣地區規定國際觀光旅館「其餐廳之合計面積不得小於客房數乘 1.5 平方公尺」，這裡所指的餐廳並不包括專門供應飲料服務的酒吧在內。

① 餐飲概念及場所種類：餐飲業自古以來，為人類生活中社會服務最重要的行業之一。在本文中所指的餐飲服務是指在旅館中配合旅客住宿服務需求，而提供的飲食服務。因服務所提供的方式和口味的不同，而規劃出不同的場所，例如：

- ■餐廳（Restaurant）：正式標榜地方特色風味的食物料

補充說明：
客房收入＝房間數
×住房率×平均房
價

理服務者，例如，中國式餐廳、日本料理、墨西哥餐廳、法國餐廳……等，某些菜色並具有國際性知名度，餐廳規模亦較大，世界各國旅館均普遍設置，一般展現及服務較爲正式。

- 美食街、小吃館或咖啡廳：Gastronomic Corner, Coffee Shop, La Brasserie, Café, Cafeteria 等，提供方便性輕食簡餐、點心類或特殊口味的食物，規模較小，表現形式輕鬆，不具正式性。

- 酒吧、酒廊：Bar, Lounge, Soda-Fountain 專門提供各種酒類及飲料的服務。也有活動酒車配合餐廳做各種飲料服務，游泳池畔通常也設有固定或活動的酒吧服務。

- 夜總會、酒店：Night Club, Cabaret 以娛樂表演爲主配合不同時段提供各式餐飲服務，一般都以大型規模表現，客席容納量大；也有配合其他營業項目例如，賭場等，餐飲服務的比率則較低，只提供基本服務而已。亦有配合整體規模的搭配，夜總會規模不大或以多功能空間來使用。

- 宴會廳或會議室：Banquet Hall, Ball Room, Conference Room 爲旅館多功能使用空間，在台灣地區的觀光旅館管理法令將其列入屬餐飲功能使用範圍，必須設有一定比率的廚房或備餐室（Pantry Room）空間。

② 餐廳營業收入計算：

- 風格與定位的設定：餐飲營業的開發與經營，其基本觀念和程序幾乎與旅館事業開發相同，就是先要確定風格理念與市場定位，雖然在同一旅館中設置多處不同的餐廳，各有其獨立的風格，但各餐廳及餐飲場所在市場定位上須有相近的位階而爲互補功能，並延續

自旅館事業整體開發設定的定位，無論從理性的經營觀點或感性的氣氛設計，都爲一個完整的事業體。

- 面積及客席容量：餐廳或酒吧的面積、座位數均因其用途及餐飲菜色種類計畫（Menu Planning）而規劃出不同的規模和客席容納量。一般常以經驗歸納出一些數據，例如，一般咖啡廳爲 1m²/0.6～0.8 人；普通西式餐廳爲 1m²/0.6 人；高級餐廳爲 1m²/0.5 人；宴會廳中式宴會爲1m²/0.8～0.9 人、西式酒會 1m²/0.9～1.0 人。以上數據爲依據經驗於餐廳營運後統計分析之結果，其範圍包括餐廳服務空間及管理所必須之動線通路在內，僅提供作爲參考但並不是絕對的。客席容量是餐飲經營收入預估最重要的依據。

- 滿席率及回轉數：一般餐飲場所空間，在生財家具安排上，均以「桌」爲管理基數，一桌的座椅搭配從 2 椅一桌、3 椅一桌、4 椅一桌……10、12 等爲一般標準配置，當然也有貴賓室安排 16、20、24 甚至 36 人一桌，那種情況爲訂席宴會使用，非一般餐廳的常態計算法。常態營業時常會有客人坐不滿一桌的情況，而客人又不願意與陌生人搭桌，所以滿席率的計算是以桌次滿席即爲 100%滿席率。座位回轉數是指：一天當中各營業階段時間內，來的客人與座位席次數的比例。比如說：中式餐廳一天營業二個階段：11:30-14:00 午餐、18:00-21:00 晚餐，每一階段中座位的使用回轉率，100 個坐位賣 100 客餐飲，則回轉數爲1；100 個座位賣 200 客餐飲則回轉數爲 2。每客消費額度低的餐廳，需要提高座位回轉率。

- 營業收入計算：

  - 一般計算法：

平均消費設定×座位數×座位回轉數×月（年）

- 稅捐機關對未使用統一發票餐飲業查定營業額計算法：

－營業方式以個人為對象者：

每月銷售額
＝每日顧客人數×每人平均消費額×營業日數
每日顧客人數
＝座位數×滿座成數×（營業時間／平均每次消費時間）

－營業方式以整桌宴席為單位者：

每月銷售額
＝銷售桌數×每桌平均消費額×營業日數
銷售桌數
＝設備桌數×滿座成數×營業時間／平均每次消費時間

3. 會議設施出租收入：多功能場所例如，宴會廳或會議室，除餐飲時間利用外，其他時段均可充分利用作為其他功能出租，是否收費或如何收費，每家旅館在經營上都配合各種行銷策略，或收取水電及茶水服務成本；或訂定最低消費額度；或配合會後的聚餐和酒會免費提供；或作為公共關係之運用等不一而足。在作事業開發預估時可因市場定位或旅館地點關係，酌予考量。

4. 服務費收入：服務費為旅館客房及餐飲服務之額外服務收入。在亞洲地區除受西方殖民統治經驗地區外，在服務時都無額外小費要求，而在正式的客房或餐飲結帳時另加計10%「服務費」。目前這多出來的收入一般旅館都由員工福利委員會作成各種福利運用，例如，員工子弟獎助學金、家庭急難救助金、團體旅遊輔助金等，是一項具有正面鼓勵意義的收入，但並非旅館正常營收，只是財務單位暫時

保管而已。

5. 休閒活動設施收入：在歐洲的休閒旅館經營經驗中，休閒活動設施及服務的收入最高，常達旅館營業總收入的30％，而其他的70％為客房及餐飲收入，可見休閒活動設施收入的重要程度。在亞洲地區因經濟開發所獲得的成就，逐漸改變人民的生活方式，經濟愈發達的國家例如，日本、中華民國、韓國、香港、新加坡等地區的人民因工作緊張，所以愈需要休閒活動來調節生活，尤其是日本地區的民眾，國民所得較高，每年在國內外的休閒渡假花費已經在生活開支中，佔有相當高的比重。而歐洲地區國家更在多年以前即達到這一標準，又因為他們的社會生活背景中都具有高度的文化修養，重視各種藝術及休閒活動，所以在旅館營運收入中，休閒活動設施收入佔有較高的比例。配合住房的比率，通常都有一些活動或提供設施使用亦有收入：

① 館外活動：配合旅遊公司或旅館旅遊活動專業人才儲訓，舉辦以旅館為住宿中心的一天或半天旅遊活動（Daisy Tour），並可酌收車資與餐費。

② 館內活動：提供旅館戶外設施例如，網球場、游泳池、高爾夫練習場、射箭場、花園……等；室內迴力球場、健身房、保齡球館、視聽歌唱、電視遊樂器……等各式室內外設施免費或酌收費用。

③ 外包活動：有各種活動專業公司，利用旅館各種場地或設施策劃出各種益智性、交誼性或趣味性的活動，活動節目為套裝化，印有精美型錄或說明書配合各休閒旅館營運特色，以其專業性來招徠推廣，例如，「地中海俱樂部」（Club Med）即為世界有名的休閒活動公司，當然要收取參加活動費用，由旅館抽取某些比率的管理

費。

6.會員俱樂部收入：因應旅館本身地理環境特色，例如，溫泉、海灘、滑雪、風景區等，或都會區高級社交場所，旅館可以經營高級會員俱樂部。會員的招募可配合旅館的設施與規模，並有長短程階段性市場規劃，建議會員招募最多以 1000名爲原則，分爲五年或更久招滿，會員證爲有價證券，若干年後可自由買賣；會員招募時機最好因應社會經濟景氣，若能於營運後招募，會員證的徵信度及售價可較高。

7.其他收入：

①娛樂收入：各種歌舞表演或娛樂表演收入。
②店舖出租：旅館名店街店舖出租之租金收入。
③佣金收入：美容室、按摩服務、旅行服務專櫃等佣金收入。
④利息收入：旅館現金之銀行存款的利息收入。

或其他旅館之利益收入等。

8.銷售成本：所有銷售成本之預估，均以本地區之營運經驗及配合 AHMA 制式管理標準百分比，作爲事業開發之預估數據。下列數據爲營運後最初三年之預估，以後營運當在加入市場狀況稍作調整。

① 客房銷售成本:

	第一年%	第二年%	第三年%
a.客房收入	100.0	100.0	100.0
b.部門費用合計	26.4	25.3	24.3
・薪資支出	13.6	12.5	11.5
・人事相關費用	2.2	2.2	2.2
・洗衣	1.8	1.8	1.8
・布巾和器皿損耗	1.1	1.1	1.1
・佣金	2.5	2.5	2.5
・其他費用	5.2	5.2	5.2

② 餐飲銷售成本:不分中西式餐飲,以綜合平均估算之:

	第一年%	第二年%	第三年%
a.餐飲總收入	100.0	100.0	100.0
b.餐飲總成本	28.6	28.6	28.6
・餐飲總毛利	71.4	71.4	71.4
c.部門費用合計	51.1	51.1	51.1
・薪資支出	34.9	34.9	34.9
・人事相關費用	4.0	4.0	4.0
・音樂和招待費用	3.0	3.0	3.0
・洗衣費用	1.0	1.0	1.0
・布巾和器皿損耗	2.2	2.2	2.2
・其他費用	6.0	6.0	6.0

	第一年%	第二年%	第三年%
d.餐飲成本＋費用	79.7	79.7	79.7
e.餐飲營業毛利	20.3	20.3	20.3
f.食物收入	100.0	100.0	100.0
g.食物成本	33.0	33.0	33.0
・食物毛利	67.0	67.0	67.0
h.飲料收入	100.0	100.0	100.0
i.飲料成本	20.0	20.0	20.0
・飲料毛利	80.0	80.0	80.0

續餐飲銷售成本

③會議收入成本：開幕後第一年營運成本及費用 23.0 ％；
正常營運成本及費用 16.0％。

④休閒收入成本：開幕後第一年營運成本及費用 25.0％；
正常營運成本及費用 18.0％。

⑤其他收入成本：開幕後第一年營運成本及費用 16.0％；
正常營運成本及費用 9.0％。

9.其他營業費用及支出：

①總務及管理費用：為總收入的 5％。

②廣告行銷費用：前三年為總收入的 3％；第四、五年 2
％；第六年以後為 1％。

③能源費用：包括自來水、電力、瓦斯及燃料油等各項能
源費用，為總收入的 5％。

④維護費用：包括家具、建築內外裝修、各項設備及器具
等維修費用。另列固定資產重置費用及維護費為總收入
的 2 ％至 4％，依年度遞減。

補充說明：
資產重置費用，為
開幕營運後對旅館
設備資產因損毀或
不適用，必須另行
重新採購或添置。
屬於旅館公司資產
的重新投資或購
置；不屬於經營管
理責任範圍。

⑤長期貸款利息費用：以貸款約定之年利率百分比計算，並說明還款方式期限。

⑥折舊費用：一般採用平均法計算。固定資產使用年限，係依據稅法耐用年數表規定，但有殘價可預計者依法先行自成本中減除後，以其餘額爲計算基礎。有關旅館各項資產使用年限及折舊方式如下：

資產項目	耐用年數
a.建築物	50
b.水電設備	15
c.空調設備	10
d.家具生財	8
e.其他設備	9

每年折舊費用＝資產實際成本÷（耐用年數＋1）

註：1爲「殘價」。

各項資產使用年限及折舊方式

⑦保險費用：保險費用係以建築物及設備取得成本之 0.5% 估計。

⑧地價稅：台灣地區以公告地價之 3%計算，第一年上漲率依據當地鄰近地價參考估計；第二年至第五年之上漲率以 20%估計；第六年以後爲 10%估算之。

若土地爲租用者，則以土地租金替代地價稅，租金標準以承租土地合約議定之地租爲準。

⑨房屋稅：第一年以政府核定之建築物造價的 15%估算，第二年以後每年以 0.8%至 1.0%上漲率計算。

⑩開辦費用：自開始營運後，分成 5 年平均攤消。

⑪ 開發經營權利金：若旅館的經營與旅館開發經營或管理顧問公司簽訂委託經營合約，則自營業第一年開始支付開發經營權利金。其權利金均以旅館總收入之百分比計算，實際金額以雙方協議之條件認定之。

> **註：**
> 一般旅館經營合作方式有三種：
> 1. 投資及委託經營（Investment & Management），有投資分紅、經營權利金及經營毛利分配。
> 2. 委託經營管理（Management），經營權利金及經營毛利分配。
> 3. 訂房連線系統（Franchaise），客房收入佣金往返。若使用商標連線廣告，則再加商標使用權利金。

⑫ 營利事業所得稅：台灣地區按稅前淨利之 25%課稅。

資產負債預估表與現金流量預估表

1. 現金及銀行存款：最低現金保留額等於二星期之現金開支費用。
2. 可用於投資或股利分派之現金：超出最低現金保留額的現款作為股利分派或投資公債、短期票券、有價證券之用；依會計穩健原則，有效運用投資收益將不計算入收入之內。
3. 應收帳款：應收帳款相當於二星期收入。
4. 存貨：存貨相當於一個月的餐飲直接成本及費用。
5. 開辦費：由開始營運起分五年平均攤還。
6. 應付帳款及費用：一個月的現金營運成本及費用。
7. 應付所得稅：所得稅的半數於次年度支付。（在台灣地區有下一年度營業稅預估及預繳半數的規定）
8. 應付開發經營權利金：若有簽訂委託旅館經營合約或合作連鎖，則有經營權利金的支付，於下一年度某指定日期前支付之。

9.長期貸款：依據銀行之年利率估算利息及還款期限。

10.固定資產重置費用：

① 第二年固定資產重置費用爲第一年營業總收入的 1.0%。

② 第三年固定資產重置費用爲第二年營業總收入的 1.5%。

③ 第四年固定資產重置費用爲第三年營業總收入的 1.5%～2.0%。

④ 第五年固定資產重置費用爲第四年營業總收入的 1.5%～2.5%。

⑤ 第六年至第十五年固定資產重置費用爲前一年營業總收入的 2%～3%。

11.股東權益：股東投資之總資本額。

12.法定盈餘公積金：依照公司法規定，純益的 10%列爲法定公積金。

13.投資回收期：以開始營運後每一年之現金淨收入累計，於超過總投資金額時，爲投資回收期。亦可僅以不包括貸款額之股東投資額之計算法爲投資回收期，然後再將兩種方式再作成評估。

14.旅館營運後最初十年損益預估表：

科目	第一年度%	第一年度%	第……年度%
住房率	—	—	—
平均房價	—	—	—
1.營業收入（2至5項之合計）	—	—	—
2.客房收入	—	—	—
3.餐飲收入	—	—	—
4.服務費收入	—	—	—
5.店舖租金收入	—	—	—
6.其他營業收入	—	—	—

科目	第一年度%	第一年度%	第……年度%
7. 銷貨成本及部門薪資支出	—	—	—
（8至10項之合計）			
8. 客房部門	—	—	—
9. 餐飲部門	—	—	—
10. 其他營業部門	—	—	—
11. 營業毛收入（1減7）	—	—	—
12. 間接費用	—	—	—
（13至16項之合計）			
13. 總務管理及一般費用	—	—	—
14. 廣告行銷費用	—	—	—
15. 能源費用	—	—	—
16. 維護費用	—	—	—
17. 營業毛利（11減12）	—	—	—
18. 稅賦、折舊、保險及其他	—	—	—
（19至25項之合計）			
19. 營業稅	—	—	—
20. 房屋稅	—	—	—
21. 地價稅或地租	—	—	—
22. 資產折舊費用	—	—	—
23. 貸款利息支出	—	—	—
24. 開辦費攤提	—	—	—
25. 保險費用	—	—	—
26. 稅前淨益（17減18）	—	—	—
27. 營利事業所得稅	—	—	—
28. 稅後淨益（26減27）	—	—	—
29. 投資報酬率	—	—	—
（28除總投資額%）			

15.旅館營運後最初十年現金流動預估表:

科 目	第一年度%	第一年度%	第……年度%
1. 稅前淨益	—	—	—
2. 資產折舊	—	—	—
3. 第1項＋第2項	—	—	—
4. 短期借款償還	—	—	—
5. 長期貸款償還	—	—	—
6. 營利事業所得稅	—	—	—
7. 固定資產重置費用	—	—	—
合計	—	—	—
（3至7項之合計）			
8. 現金流入淨額	—	—	—

分層負責的盈虧觀念

　　旅館事業開發計畫雖然為尚未執行的規劃,但對營運執行的實務觀念一定要當作完全存在。建立經營實務的實戰觀念,對於作經營計畫是絕對的必要。從前述的損益預估中,如何對旅館投資者的盈虧觀念建立一套初步的正確認識,則與後續的旅館經營中的分層負責管理方式有密切的關聯。一般具國際性經營觀念的旅館均採用 AHMA 的會計方式,依其損益表內之盈虧分為八個階層來負責:

層次	損益項目	略稱	負責人	計算方法
1	Gross Profit 毛利	G.P.	餐廳主廚 調酒員	營業收入減直接成本
2	Departmental Operating Profit 單位毛利	D.O.P.	單位主管	G.P.減營業支出（單位薪資＋間接 成本費用）
3	Total Depts. Operating Profit 部門毛利		部門主管	D.O.P.＋D.O.P.＋……
4	House Profit 營業毛利（粗） （不含租金收入）	H.P.	總經理	Total D.O.P.減（管理費＋行銷費 ＋交際費＋維護費＋電力費）
5	Gross Operating Profit 營業毛利	G.O.P.	總經理	H.P.＋店舖租金收入
6	Net Operating Profit 營業淨利	N.O.P.	業主	G.O.P.減固定費用（租金＋稅賦＋ 保險費＋利息＋折舊費＋攤提）
7	Income Before Income Taxes 稅前淨益		業主	N.O.P.＋出售資產盈虧 （固定資產重置費用在本項目內）
8	Net Income 稅後淨益	N.I.	業主	稅前淨益－營利事業所得稅

損益表盈虧階層表

在台灣地區的旅館財務管理，雖然於 1983 年由台北市觀光旅館公會編製「觀光旅館統一會計制度」完成公佈，但在旅館同業間不太重視與採用。主要是因爲本地所謂的「本土化經營」觀念的旅館較多，損益計算範疇及科目與分層之責任各自爲政，因而影響經營管理的權責執行，雖然旅館從業人員都有很好的學經歷和受過各種專業訓練，但如果在這種「本土化經營」觀念業主的管理主導下，再好的人才也無法適應的。

層次	損益項目	負責人	計算方法
1	營業毛利	部門經理	營業收入－營業成本
2	營業利益	總經理	營業毛利－營業費用
3	稅前利益	總經理	營業利益＋營業外收入－營業外支
4	稅後利益	業主	稅前利益－營利事業所得稅

中華民國觀光旅館損益計算層次表

　　從上面的表式中可以感覺到，在經濟進步的台灣地區仍然有如此粗糙的經營管理制度，權責分配不清，管理與控制不明的「方法」，這就是 Local Hotel 的特徵之一。

　　財務計畫的製作，是對旅館事業開發計畫或旅館規劃的一個理性評估的重要依據，從前述的種種市場定位、設備說明或經營管理和籌備的方法中，作一個中肯合理的分析，所以財務計畫的研究和製作是非常必要的。

參

旅館開發方案的工作方法

第 6 章

旅館事業開發作業流程與組織

旅館事業籌建作業是一種互動關係的觀念，因為整體旅館具有一座小型都市的功能，其精密的分工與管理設施的關係極其密切，所以若以軟體介面主導的角度切入，則軟體規劃及指導者必須兼有硬體設施規劃概念，例如，理性空間的關係安排，設備器具的選擇；感性包裝主題與市場定位關係的提示或指導，相關概念的修養與溝通能力等。相同的，站在硬體介面切入的角度來說，基本上是依據軟體觀念之市場定位概念，來規劃硬體設施的規模與容量，感性包裝的主題建議和檢討，然後按照初步檢討的結論來執行旅館建築的概念規劃（Concept Schematic Phase）。

旅館事業開發作業之軟體介面，基本上為「人」的因素，這裡所指的是廣義的軟體。而「人」對旅館事業開發的經驗與「人」對經營管理經驗是不同層次的：

旅館事業開發

是從無到有，從無垠的市場空間設定出未來的經營定位，從混亂多樣的市場中確定「原創性」的形象及主題，然後為這個被開創出來的旅館事業，建立出一套未來經營管理的政策及方法。所以開創性的經驗，當然必須具備旅館營運的豐富經驗，及人力資源開發的組織能力和方法，這是旅館事業開發所必須具備的基本經驗。

旅館經營管理

是從已經設定好的模式和指導政策的原則下，執行各項工作計畫及細則再進入後續的經營及管理階段工作。旅館經營管理依照經驗，大致可分成兩個階段：

接續旅館事業開發作業階段

依據事業開發的政策及方法來執行各項工作計畫，作業準則及流程，一直到旅館順利開幕營運的第一段穩定期。也有人將此

階段併入旅館開發階段作業範圍，這需按照旅館開發「人」的品質與經驗來決定。

穩定營運階段

接續前一段的營運作業持續運作，每年依據前一年所提出的年度經營計畫及策略，提報損益預估及成長率預估，經董事會同意後執行營運管理。

以上兩個階段的作業成果，會產生兩種截然不同的感覺。旅館開發者工作壓力繁重，作業量大，但順利完成開幕營運後，則感到無比的成就感，休息一陣子後又開始從零到有的創造另一件旅館開發個案；而旅館經營者，雖然每天工作輕鬆，開開會、看看報表，但必須每天、每月、每年的承擔業績數字的壓力，長期營運下來常與家人聚少離多，偶而會感到親情的疏離感，但能為旅館及公司創造成長的業績，也是令人欣慰的。

旅館事業開發作業流程

依據第二篇的事業開發各階段內容，和經驗作業順序，做出下列開發作業流程表：

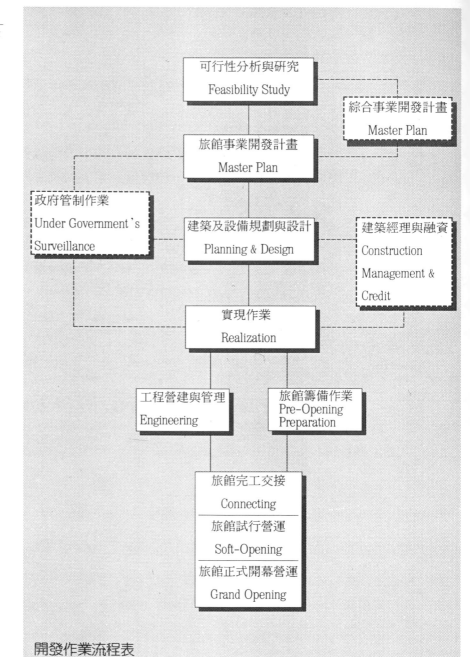

開發作業流程表

可行性分析與研究（*Feasibility Study*）

　　這是一個事業投資作業中，最初的分析與研究，從客觀的分析報告中找出事業投資評估的支點，作爲投資作業的進行與否，若確定可行的話，才進入事業開發計畫階段作業。亦有既設的市場條件已經肯定，可以省略本階段的評估，直接進入開發計畫作業階段。

本階段作業大綱：

(一)概念 Concept 　　─市場情況與定位（Marketing Plan）

(二)產品 Product 　　─硬體：設施（Accommodation）需求與說明
　　　　　　　　　　─軟體：經營管理（Management）的構想
　　　　　　　　　　─損益分析與投資回收
(三)財務分析 Finance

旅館事業開發計畫（*Master Plan*）

　　事業開發計畫是整體旅館從市場、設施、概算、籌備、財務等，一系列總體運作概念成敗的關鍵（Key）。

（一）概念 　　　Concept	—基地引力（Attraction）	・自然環境資源 ・人文環境資源
	—市場定位（Marketing Plan	・市場情況及定位
（二）硬體 　　　Physical Element	—營業設施配置規劃（Flloor Plan） （In-side Out ↻） —建築規劃（Bio-Architecture）	・客房、餐飲、其他等 ・生財設備（F.F.E.） ・小生財器具（S.O.E.） ・功能配置及感性氣氛計畫
（三）軟體 　　　Human Element	—經營管理（Management） —旅館籌備作業計畫	・經營及形象概念 ・員工（Rank & File） ・訓練（Training） ・工作方法與進度 ・公共關係與形象推廣 ・開幕計畫
（四）財務預算 　　　Budget	—資金來源 —損益預估	 ・投資回收 ・現金流量預估

建築及設備規劃與設計（*Planning & Design*）

　　以上的計畫都經過檢討確定後，正式進入具體的工作實施計畫。實施計畫中又分為：硬體與軟體兩個部份，本項說明是硬體設施的各項細部規劃和設計。

（一）建築設計	—建築與裝修設計	・法規研究與結構檢討 ・建築設計 ・裝修設計 ・各項機電空調系統設計
（二）生財設備及器具	—生財設備設計	・生財器具選樣及設計
（三）各項設計工作協調		・協調與進度查核

實現作業（*Realization*）

　　旅館事業投資公司同意各項硬體的設計圖說和施工規範後，依據圖說進行各項工程發包與設備採購的作業工作，以便將整個旅館計畫具體的實現出來。在本階段的工作中，為配合旅館事業的融資，通常融資銀行都會要求「建築經理公司」參與執行，在工程過程施工中之評價、估算、鑑證和徵信等公正第三者的角色，以資融資銀行據以確定融資額度和撥付期限等作業。

（一）工程營建管理 ─施工計畫　　　　·編定工程預算
　　　　　　　　　　　─工程監理計畫　　·工程發包作業
　　　　　　　　　　　　　　　　　　　·設備採購
　　　　　　　　　　　　　　　　　　　·工程進度計畫
　　　　　　　　　　　　　　　　　　　·期中估驗
　　　　　　　　　　　　　　　　　　　·工務協調
　　　　　　　　　　　─請領建築物使用執照·消防系統檢查
　　　　　　　　　　　　　　　　　　　·工礦安全檢查
　　　　　　　　　　　─接通水電及燃料　·設備試車
　　　　　　　　　　　─旅館交接準備　　·旅館交接使用
　　　　　　　　　　　─申請觀光旅館執照·觀光旅館使用勘驗

旅館籌備作業（*Pre-Opening Preparation*）

　　旅館軟體的細部計畫與管理營運的實現過程階段作業。這裡包含：組織的建立、各部門工作計畫與準則、人員招募與訓練、旅館開幕籌備的財務預算、市場行銷和開幕計畫等。詳前一篇的詳細內容。

　　籌備單位的工程管理部門，在本階段應切入旅館工程營建管理範圍，準備旅館的交接。

旅館試行營運與正式開幕營運（*Soft Opening & Grand Opening*）

配合旅館完工的交接與人員定位訓練；觀光旅館執照的申請、加入各種國內外職業公會和旅遊組織；信用卡及外幣兌換申請。在正式取得合法執照和確定營運順利後，正式開幕營運。

旅館籌建作業組織

在整體旅館事業開發的組織關係上，是由「業主」、「軟體開發者」與「硬體規劃者」的三角關係所組成，在三者之間需由「軟體」或「硬體」之一方在承擔三者的協調工作。

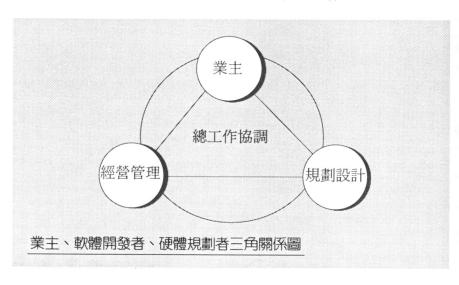

業主、軟體開發者、硬體規劃者三角關係圖

依據上面旅館籌建作業組織表可以看出，「總工作協調者」（Co-Ordinater）在整體作業中所扮演的角色是非常重要的。以往的旅館籌建經驗中，一般常會忽略的就是這種非常專業且具複雜性與協調性的工作，輕易的以為有了各種專業顧問就可以解決，事實不然：在各種專業領域中，其適當性的考量與各種專業領域

重疊和不足的關係，非得具有旅館籌建的專業經驗者來擔任「總工作協調者」，才能在旅館籌建與籌備過程中降低成本，最主要的是依據「開發計畫」中的理念與定位，作確切導向的執行引導，真正到達旅館規劃的定點。而「總工作協調者」的經驗背景，大約可以有下列兩種：

1. 旅館開發經驗者：曾經具備良好的旅館經營管理經驗，且有多次從事旅館開發與籌備的工作經驗者。
2. 旅館規劃經驗者：曾經具有多年旅館建築及設施設計經驗，並曾參與進而較高層次的完整旅館工作協調經驗者。

筆者就是屬於後者，配合台灣的政府經濟開發計畫的成長中，從1966年在一次偶然的機會中加入旅館籌建的基層工程員的監造工作開始作起，進而加入建築與裝修設計，協助機電繪圖工作，再回到現場執行工程施作與低層協調，再漸漸進入與經營管理層面有關的介面檢討，又回到建築設計中的營業規劃與設備計畫。從整體工作單元（Member of Teamwork）到部份旅館工作（Piece Work），又回到整體工作的規劃層次，再逐漸跨入與經營管理有關的硬體介面關係，進而專業從事旅館的整體總工作的協調，那是非常複雜與艱辛的。在多年的工作經驗中，常常接觸到不同的旅館經營系統的經營方法與執行方法，這也是另外一種有趣的經驗，在不同系統中，常因為不同國籍的管理者或個人不同開發經驗背景，往往又產生不同的作業協調方法，我們也常常從中學習到許多的經驗和知識，這是非常難能可貴的。在上一節所說的互動觀念，就是從各種旅館專業管理者的作業協調過程中或工作觀察中，學習而得到的。譬如說，在房務管理的配置與安排上，規劃者即從長期與不同經驗的管理者或執行者的作業中，吸收到他們的經驗和作業執行細節的觀察，再加以分析後做出配合新的旅館開發案的規劃，例如，每層樓客房數量與動線、經營管理的人力和物料成本的關係；前台（Front Counter）的位置、客

人使用電梯、樓梯與主要進出大門的管理與管制的三角關係：廚房及後場補給與餐廳動線的關係；員工進退場及貨物、垃圾的管理動線等關係……等，不同的定位、不同的旅館系統、不同的經營經驗者或旅館開發者，都有不同的協調方式，這就是在旅館規劃考量時，要常作「專業作業互動」的觀念和思考假設，如果我是總經理；如果我是大廚師，如果我是工程部經理；如果我是採購員；如果我是清潔婦……等互動考慮，這種在腦海中的思考模擬，則無論從旅館規劃的角度，或從旅館工作協調作業，都將收到非常良好的效果。

但是有一個先決條件，就是要有長期的旅館專業開發、籌建與規劃的經驗，這不是在短時間或非專業的作業情況下可以得到的。所以在整個旅館籌建的作業中，必要時可以聘請一位專業顧問，或一家專業開發經驗顧問公司，直接介入協助旅館籌建作業體系中，則對整個籌建作業將提供許多正面效果的貢獻的。所以，旅館籌建作業最重要的就是「了解」整體作業方法與模式，旅館經營與旅館開發是不同作業層次，若因不明而誤導作業，對旅館開發與籌建，和開幕後的旅館長期經營生命，將產生或多或少的傷害，嚴重者甚至造成無可挽回的長期損失。

依據前表所述及的大綱，將後續各旅館籌建各單位組織簡述如下：

1.總工作協調	2.硬體設計	3.工程管理	4.旅館籌備
・總顧問	・建築師	・工務經理	・總經理
・工程顧問	・室內設計師	・總工程師	・副總經理
・開發顧問	・結構技師	・土木工程師	・管理部經理
・經營顧問	・電氣技師	・建築工程師	・財務部經理
	・消防技師	・裝修工程師	・工程部經理
	・衛生技師	・電氣工程師	・客房部經理
	・空調技師	・弱電工程師	・餐飲部經理
	・環工技師	・衛生工程師	・採購部經理
	・景觀設計師	・空調工程師	・業務部經理
		・工程員	・公關部經理
		・警衛	

旅館籌建各單位組織表

肆

旅館設施規劃與設備標準

第 7 章

旅館建築設施規劃與設計準則

旅館硬體設施規劃最高指導原則乃是依照事業開發計畫書（Master Plan）初步的概念與定位，從研究中取得：旅館需要多少間客房？甚麼樣式及規格的客房？多少間餐廳？甚麼樣的餐廳？如何運作與經營，然後按照這個計畫來逐步執行，這種作業執行方法是由內而外的。通常一般投資者常有錯覺的想法，以為在「適當」的地點建一棟漂亮樓房再進行室內裝修，完工後招徠客人營運，若市場情況是賣方市場景氣大好，糊裡糊塗就賺錢，為甚麼會賺錢也不太清楚；若遇到市場的戰國時代就各憑運氣，無法創造或開發市場，那這個投資就是一種社會資源的浪費。

整體旅館規劃是按照市場定位，產品內容有幾間客房、何種形式客房；幾處餐廳及酒吧、何種規模大小、可容多少坐位；有多少種其他服務設施例如，會議廳、商務中心、商店、室內娛樂室、戶外游泳池、網球場、高爾夫練習場…等；多少後場管理服務空間，多少員工使用更衣、盥洗、休息室，職工餐廳及辦公室等，然後再配置其垂直及水平動線關係；產品的感性包裝和氣氛例如，建築外觀、庭園景觀、室內的氣氛等，完全是由內而外的考慮與規劃，所以旅館規劃是「由內而外」（Inside Out）的設計，也是一種需要有產品區隔觀念的「原創性」（Creation）境界。

旅館經營組織與旅館空間管理的關係

旅館的經營組織構成中，設有八大部門，已經在第四章對於各部門的運作功能做一概括的說明，但對於各部門功能與具體的硬體設施關係，在本節中陳述。基本上，旅館空間分為前場（Front Yard）與後場（Back Yard）。前場是指工作場所與客人直接接觸並提供服務的地方；後場是指工作場所與客人無接觸的關係。但也有一些場所是配置在後場，因業務關係僅工作人員必須到前場與客人接觸的。依據這種程度作出關係表如下：

經營部門組織 Department	部門內容說明 Organization	空間配置 前場	空間配置 後場	備註 Remark
一、市場行銷部 Marketing & Sales	（一）市場開發 Marketing Develop.	⊖		
	（二）業務行銷 Sales	⊖		
二、公共關係部 Public Relation	（一）節目企劃 Planning	⊖		
	（二）形象推廣 Promotion	⊖		
	（三）美術工作 Art Work	●		
三、客房部 Room Division	（一）客務關係 Guest Relation			
	1.前置櫃台 Front Desk	○		
	(1)接待 Reception	○		接待、住房登記
	(2)門房管理 Concierge	○		客房管理、郵電、信息服務
	(3)前台收銀 Front Cashier	○		結帳收銀
	(4)外幣兌換 Money Exchange	○		
	(5)貴重保管 Safe Deposit	○		保險箱出借
	2.服務中心 Bell Captain	○		
	(1)司門服務 Doorman	○		
	(2)行李服務 Luggage Service	○		行李接送及寄存
	(3)車輛調度 Driving Service		●	
	3.客務關係服務 Duty Manager or 　　Guest Relating Desk	○		詢問及旅客公關
	4.商務中心 Business Center or 　　Executive Business Service	○		商情、資訊、翻譯、聯繫、 文書、記錄、傳送等服務
	5.旅遊服務 Travel Service	○		觀光旅遊、代售機票及車票
	6.訂房組 Reservation		●	客房預售、訂房安排
	7.話務組 Switch Board Room		●	電話總機、視聽播放
	（二）房務關係 Housekeeping			
	1.房務中心 Housekeeper Office		●	客房清潔管理服務中心
	2.洗衣房 Laundry		●	布巾、制服洗燙，代洗客衣
	3.總備品庫房 Linen Storage		●	各種房務備品倉庫

旅館經營組織與空間關係

部門	空間			說明
三、客房部	4.制服庫房 Uniform Storage		●	職工各種制服管理
	5.樓層備品室 Linen Room		◐	客房樓層清潔管理
四、餐飲部 Food & Beverage Department	（一）宴會 Banquet/Convention	○		宴會及會議
	（二）餐廳 Restaurants	○		各式餐廳提供食物服務
	（三）酒吧 Bar	○		前場酒類及飲料服務
	1.服務酒吧 Service Bar		●	後場提供前場酒類及飲料
	（四）廚房及備餐室 Kitchen/Pantry		●	食物烹飪加工及料理服務
	（五）訂席 Reservation	◐		宴會筵席及會議預約
	（六）餐務管理 Steward		●	
	1.銀器庫房 Silverware Storage		●	
	2.家具庫房 Furniture Storage		●	
	3.餐具清潔 Dishwashing		●	
五、財務部 Accounting Department	（一）總出納 Generral Cashier		◐	各銷售點出納屬外場；但由
	（二）電腦室 Computer Room		●	財務部總出納管理
	（三）辦公室 General Office		●	會計、成本控制
	（四）資財室 Storage Keeper/Receiving		●	資產及倉庫管理，驗收入庫
	商店街 Shoping Arcade	○		屬於資財是管理
六、採購部 Purchasing Department	中央倉庫		●	生財器具及生鮮採購
七、管理部 Administration Department	（一）人事室 Personnel & Training		●	人事管理及專業訓練
	（二）安全室 Security		◐	警衛、安全及停車管理
	（三）職工室 Employee Area		●	其規模依地區建築法令及管
	1.男女更衣室 Locker Room			理需要而定
	2.盥洗室 Shower & Toilet			
	3.休息或娛樂室 Recreation			
	4.職工餐廳及廚房 Cafeteria			

續旅館經營組織與空間關係圖

八、工程部 Eegineering Department	（一）辦公室 Department Office	●	
	（二）監控室 Control Room	●	水電空調及火災信號等監控
	（三）材料倉庫 Storage	●	材料及零件倉庫
	（四）工作室 Workshop	●	木工、塗裝、裝修等工作室
	電氣室 Electrical Room/Generator	●	高低壓電氣配電室
	空調室 Air Conditioner Room	●	
	鍋爐房 Boiler Room	●	
	園藝組 Gardener Section	◓	戶外設施清潔維護含於本組

符號說明：○ 工作場所與客人直接接觸的外場關係

◓ 工作場所配置在後場；但因工作或業務關係需與客人接觸

● 工作場所與客人無接觸關係

續旅館經營組織與空間關係圖

　　以上旅館經營組織與空間關係，係以國際「制式標準」（Uniform System）爲基準的八大部門編制方式，在管理上達到順暢、合理、制衡的效果。配合旅館規模、地理位置及營業設施之不同需求，上述的編制可作彈性的擴編或縮小；但在運作的基層單位均是一樣的。譬如：小型旅館將主要部門只編成「營業部」及「管理部」。

　　1.「營業部」掌管：

　　① 行銷及公關。
　　② 客房（客務及房務）。
　　③ 餐飲。

　　2.「管理部」掌管：

　　① 財務。
　　② 總務（人事、安全與採購）。

③ 養護（工程及清潔）

需對旅館經營組織功能有所了解，才能在其空間的分配與配置上作出合理的安排，也才能符合經營運作的需要，所以經營組織與空間管理的掌握是旅館硬體規劃的第一步。

旅館經營管理的動線系統

前後場空間概念了解之後，接著就是各種使用動線關係。一般分爲：住宿旅客或用餐客人使用動線；旅館職工進退場使用動線；貨物進出使用動線及垃圾和廢棄物清運管制動線等四類。

旅客進出及使用動線

住宿旅客通常分爲：訂房旅客（包括：團體與散客）和非訂房自行進入詢問（Walk-In）的兩種客人。在服務動作方面，當客人進入旅館大門時，行李服務人員即馬上接下客人行李，並詢問是否住宿，若爲住宿者即引導至前台登記處，接待人員親切問候並了解是否爲訂房旅客，若爲訂房旅客即提出已經準備好的資料，以口頭再確認一次後，請旅客簽名並請行李員引導經由電梯或走道至房間。非訂房客人若有空房可以出售時，請旅客填寫資料後，引導至客房。團體旅客則由領隊代表領取鑰匙分配房間，再由行李服務員引導至客房。

用餐或參加聚會客人，通常進入大門後，依據海報牌（Post Stand）的指示和說明，直接走進用餐、宴會或會議場所，有時宴會或大型會議設有專人接待引導。

①大宴會廳
②機房
③倉庫
④會議室
⑤主廚房
⑥法式餐廳
⑦中式餐廳
⑧日式餐廳
⑨迪斯可酒吧
⑩驗收場

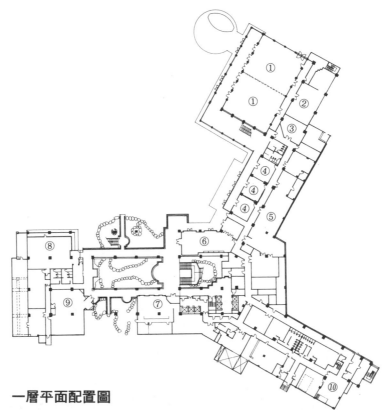

一層平面配置圖

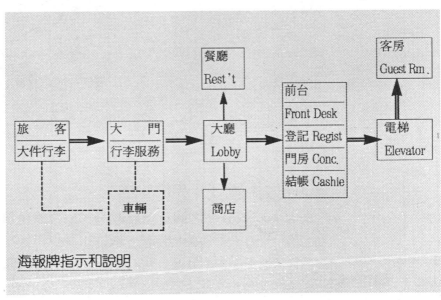

海報牌指示和說明

商務專業旅館若以商務散客（F.I.T.）為主者，通常只設一處大門。商務兼觀光旅遊之多功能旅館，可考慮增設側門一處，以利不同功能聚散與時間調配時避免擁擠及容易管理。

職工進出及使用動線

職工進場、貨物進場和垃圾清運等動線必須與旅客使用的動線方向完全避開，並避免視線看見。一般旅館職工是分三班作二十四小時服務，且行政管理事務工作、客房清潔服務、前台接待和夜間稽核、餐飲和廚房等，皆因工作性質的不同，都有不同的排班方式，所以上下班進退場是一批一批的，而管制者於職工進退場時，必須以時間管理管制進退場時間，並檢查私人皮包以防挾帶公司物品，所以動線的管制要求是很精確的。

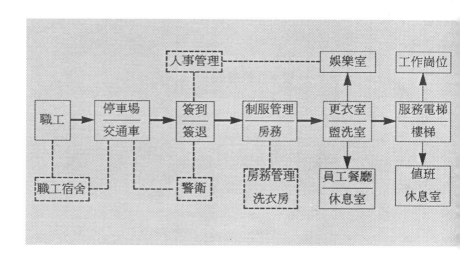

貨物進出動線（含車輛管理）

旅館採購貨物之卸貨及驗收場，配合旅館建築設計可設於地面樓層，也可設於地下樓層。依據旅館規模大小通常可同時停放二至三輛貨車卸貨即可。貨物卸貨及驗收作業時間通常只有二小

時左右每天通常一次，必要時可配合約定時間卸貨。

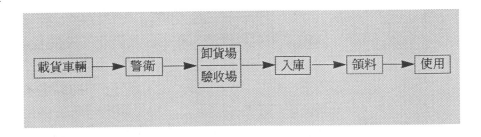

廢棄物清運管理動線

　　乾式及濕式垃圾的儲放位置，及殘菜處理設施通常置於貨物出入口附近，方便處理及清運。世界上有一些旅館（溫帶或寒帶）自己設置焚化爐，雖然成本稍嫌高一點，但若利用其燃燒能源的回收使用，亦多少能平衡一些成本，其確實的效益因地區情況而異，需要配合當地狀況作詳細效益評估。

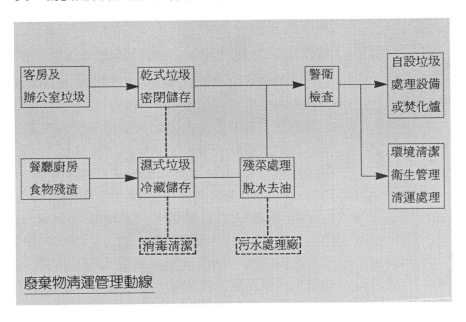

廢棄物清運管理動線

　　建築規劃的作業，應在於旅館功能規劃，完成初步的營業配置後才開始作業的，也就是運用旅館開發的概念，配合市場定位及經營目標「由內而外」的「理性」功能規劃確定後才開始的。在接下來的步驟就是配合市場區隔的「產品包裝」，它是感性的表現訴求，也是一種融合「具象效果」延長的「抽象感覺」，具體的來說明它就是一種具有「原創性」的商品，在市場定位上有市場區隔功能，並具有自己的獨特「形象」。這種獨特的企業形象識別系統（Corporative Identity System），就是旅館開始營運後，長期對外公共關係及行銷運作的「魅力」（Attraction）及「氣氛」（Ambiance）的「話題」，規劃的建築師或設計師應利用這種概念加以發展和運用。

旅館開發概念的運用

旅館建築外觀與環境規劃的聯想

　　由市場定位、地方特色、自然環境及人文環境中作出感性的聯想，包括：氣氛、色彩、造型、環境景觀等，然後抓住「單一主題」或「多重組合主題」去發揮。依據作者自己的經驗，我們常從藝術史或藝術潮流中找材料，也常從地方印象及人文環境資源的聯想中抓主題。例如，台北「亞都大飯店」（The Ritz Taipei）1977-1979 的規劃過程中，與主持旅館籌備工作的總經理 Mr. Ernesto Barba（1934-1994）討論出以 1925-1930 年代流行於巴黎的「'Art Reco」為旅館包裝主題，自建築外觀、內部裝修以至營運的生財器具等均抓住同一系列造型、色彩、制服，「原創性」的商品性格非常強烈，雖然十幾年來有小規模的改裝，但都抓住同一原則，保有它一貫的市場形象。

建築內部裝修的主題印象及生財設備

其氣氛的創造乃是引用同一觀念及主題。在這裡所談的這個「原創性」的作法，並不會影響工程成本的提高或浪費，對旅館產品形象的創造是絕對正面的。譬如：台北「西華大飯店」（The Sherwood Taipei）其建築外觀只是一般都市旅館的樣式，造型、色彩與環境因受限於都市格局，並無強烈特色；但其內部建築裝修採取美國「南加州」式的熱帶別墅格調氣氛，與經營理念相互結合，創造出它特有的產品形象，在 1990 年開幕後短短幾年中已經在世界高級商務旅館中闖出名號，連續多次接待前英國首相柴契爾夫人、美國前總統布希等名人。台東的「知本老爺大酒店」（Hotel Royal Chihpen）是位於台灣知名的溫泉地區——知本，也是台灣少數民族之一「卑南族」（Puyuma）的大部落舊址，所以在「原創性」的主題上，我們抓住三個特徵：

1. 原住民物質文化圖騰及色彩。（晚間戶外演出傳統歌舞）
2. 東台灣的陽光、青山、綠水、碧海、藍天印象。（大廳天篷採用採光罩）
3. 溫泉的洗澡文化知性之旅。（室內外各種溫泉享受及洗澡方式有12種）

把這些具體的理念融於建築及裝修的規劃設計中，造成後續的市場行銷方法有許多可運用的促銷活動話題。

各對外空間的形象創造

這裡所提的「對外空間」是指除客房以外的營業空間，尤其是指餐飲營業的各個「Outlet」而言。上述理念的主題創造與氣氛表現原則是指建築外觀及內部公共空間的裝修而言；而一般的餐飲空間是屬於這個原則下的關係產品，配合整體旅館產品的商品多樣化在這裡可以作出一些小主題。

1. 美國假日酒店（Holiday Inn）系統的咖啡廳常採用一系列

的南歐式粉牆紅陶地磚＋綠色的椅布與室內植物＋黑色的鍛鐵欄杆和家具鐵框爲其全球連鎖的輕鬆印象。

2. 凱悅酒店（Hyatt Regency）系統的「雨果」（Hugo）酒吧，有新古典的歐洲浪漫氣氛爲它的形象特徵。

3. 日航酒店國際系統（Nikko Hotels International）爲顯示其獨特的系列組合：「弁慶」（Benkay）日本料理＋「夜間飛行」酒吧＋「名人法國餐廳」（Célébrité），特徵是：東方傳統＋新古典＋法國浪漫。

4. 台東老爺大酒店的「那魯灣」餐廳爲排灣族（Paiwan）原住民文化的裝修印象；「船歌」沙拉吧（Dadara Bar）爲蘭嶼（Orchid Island）雅美族（Yami）對刳木小舟的氣氛聯想，整體旅館脫不開原來的開發理念。

旅館建築規劃的作業順序——垂直動線與水平動線

一般旅館商品的營業以客房及餐飲爲兩大主要收入，其他例如，各項服務、商店出租或經營、遊憩設施等收入所佔比率均不超過10%；如果是渡假休閒旅館，其他休閒活動的收入比率約佔30%，但其設施很多是設於戶外；少部份設於室內。所以就建築設施比率的立場來看，應以客房商品所佔的比率最多，其次是餐飲及前場公共空間，再其次才是後場管理及服務準備空間。

在旅館建築規劃的作業順序考量上，首先我們要考慮的就是「客房」商品的配置問題。如果是多層樓或高樓的規劃，客房的安排都是上面的樓層，越往高處即商品層次越高，因爲與低層區的公共樓層及道路接近則越吵雜，難以寧靜則商品越低劣。如果是位於郊外鄉村或海濱的旅館，常利用地形配合環境將旅館建築高度壓低，才能保有美好的基地環境景觀（國外許多國家以法令規定，海濱建築物高度不得高於海濱樹梢），會將客房和其他建築水平配置分開，以戶外或室內通道相連接。在上述這兩種情況下都是先從客房的配置規劃著手的。客房的配置規劃應考慮兩點條

件：（1）客房的規格及數量；（2）客房樓層的水平動線及垂直動線關係。

客房的規格及數量

客房的商品行銷爲未來市場行爲，所以不能完全以原有市場的經驗及規格來作爲考量模式，僅可作爲參考之用。一般來說客房的未來市場需求趨勢，其寬度規格要求應在四公尺以上，才可有利於未來市場經營的彈性條件。數量的考慮在「旅館產業的市場定位」，實際作業時作出的眞正市場資料提出的評估中，已經提示配合市場定位（實際旅館規劃作業）在本案中建議應設多少間客房、何種規格客房，然後依據這個建議在建築規劃中的樓層高度、樓層面積、樓層數量的配合考慮，建立出「標準樓層」（Typical Floor Layout）。

客房樓層的水平動線及垂直動線關係

旅館客房樓層的規劃中，動線是聯繫客房與客房之間、客房與客用電梯及樓梯之間、後場備品庫房（Linen Room）與服務電梯客房之間、客房與自動服務設施（製冰機或自動販賣機）之間等種種同一樓層水平動線關係；然後再進一層的考慮到客房樓層與客房樓層之間、客房樓層與公共樓層之間、客房樓層與地面或避難樓層之間等種種垂直動線關係。

主要樓層的動線管理（Layout for Main Floor）

主要樓層的營業配置動線關係。主要樓層是指與地面街道連接，旅客的主要出入樓層。初步確定客房樓層的配置後，依據客房樓層配置的客用電梯、服務電梯及安全樓梯（避難梯）的配置位置投影於主要樓層，再來檢討主要樓層的營業、服務及管理的相互關係。首先主要樓層與外界聯繫的主要動線，如本章第一節所提示的四類動線就是「外動線」。

1.旅客進出及使用動線。（含車輛管理）

補充説明

在管理經驗上來說，一名房務清潔婦（Room Maid）一個人可以打掃10間至15間客房。一個工作班（三人編制）可以管理30至40間客房。樓層客房數量的規劃與人力配當及服務品質有絕對的關係。

補充説明

客房樓層走道寬度最低參考標準，走道雙面客房其淨寬度爲180cm；單面客房走道淨寬度爲130cm。

137
第7章

2.員工進出及管理動線。（含車輛管理）

3.貨物進出動線。（含車輛管理）

4.廢棄物清運管理動線。（含車輛管理）

旅客進入大門後，經過「大廳」（Lobby）這個轉換空間，再到「前台」（Front Counter）登記，再搭乘客用電梯到達各樓層客房；或用餐或參加聚會的非住宿客人，在進入大門經過大廳後使用室內主要樓梯（Main Staircase）或客用電梯到達公共場所例如，餐廳或會議廳等，這就是「內動線」。

在這個主要樓層所要考慮的就是不同需求的客層動線（內外動線）非常明確，儘量減少交叉及縮短動線長度。住宿的客人與非住宿客人進入大廳後，很快的找到它們所需要的方向，在旅館管理上及安全考量方便許多。尤其是若主要樓層上層或下層設有宴會廳或大型會議功能時，特別要注意散場時的人潮疏散，不要影響住宿客人動線的交叉及擁擠，干擾住客的安寧及旅館形象。

一般來說，住宿營收是旅館主要收入之一（通常佔總營收的40%～60%），所以主要樓層大都以住客動線為主要考量。住客動線基本上要求入口大門、服務中心、前台及電梯的四角關係。管理者（前台及服務中心工作人員）一定要能以目視互相看到電梯、大門及大廳所有客人的動向或提出服務要求，必要時需主動提供協助。若有些動線配置條件不是很理想時，可考慮調整配置，然後往上再去調整客房樓層的配置安排，確定客房樓層和主要樓層的動線關係後，其他公共場所空間則較消極的配入上下垂直動線關係，當然必要時是可以將其他樓層或主要樓層作某些調整的。

海濱旅館或小木屋式（Bungalow）渡假旅館，均為低層或一層建築，所以其客房樓層及主要樓層之間為水平動線關係，在配置關係的考量上比較單純，通常主要服務管理及行政建築與客房建築分開，基本上是外動線關係及後場管理動線的隱密性的考

慮。

其他相關建築設施規劃

　　旅館建築除其內部功能、感性的包裝外，其他外部環境搭配與安全避難設施也是非常重要的。外在環境與建築外觀是一體的考量，利用開發概念及感性主題的運用，發展爲整體設計意象的延伸，使外在市場的消費印象與都市景觀的配合，造成商品區隔印象，是很重要的。

環境特色的配合與利用

　　在旅館建築規劃之初，對基地的地形地勢測量及環境調查是非常重要的，尤其是海濱、山區、鄉野等渡假旅館的開發設置特別重要。原有地形地勢的運用，原有環境植物景觀的保留或調整，海上礁石以及水文的了解，都是將來旅館營業形象建立的題材。

停車空間的需求

　　一般都市旅館停車空間是非常重要的，除法定的停車空間外，如果餐飲設施的比例高或地點非常合適餐飲人潮消費的話，那停車空間就是消費需求的第一要件了。國家經濟的發展及社會的進步，汽車是家庭生活的必備工具，尤其是都市旅館的餐飲消費，停車空間必須以市場實際需要爲前提，這樣的設計必然超過法定需求。渡假旅館的停車空間有兩種情況的考量：一是國內的渡假休閒旅館，因爲是國內渡假汽車的使用是必須的，通常房客數與車輛的比例爲＞2：1，即如果有 100 間客房最少要有 50 輛停車位（GNP＞U$12,000）；如果旅館設於小型的島嶼，客人來旅館都以飛機或遊艇爲主要工具，配合航班往返則停車空間只需達

到法定標準即可。

防災與避難設施的規劃

　　旅館是旅客的生命安全託付與保障，所以防災與避難設施的規劃在建築規劃時是不可被忽視的。客房內及走道的消防撒水頭、窗戶的開啓及高樓逃生緩降機、安全門安全梯之間的排煙設施、消防栓及警報器、避難方向指示、屋頂避難樓層空間、地下室的排煙設施、緊急發電機電路、緊急廣播系統等必須嚴格審核消防設備系統之各項設計。

第 8 章

客房部門空間的規劃

客房部門爲旅館事業的構成要素中，最重要的因素。從產業的演變過程中，宿處（Lodging）的出借或出租就是旅館事業發展的雛形。自十八世紀末葉，進入大旅館時期（Grand Hotel），以致現代旅館事業發展出目前的形態，即以住宿服務爲主，再附帶提供餐飲服務，爲完整的旅館。但一般市場仍處於務實的住宿服務形態，就是有一處接待登記處，作爲與旅客對話的窗口，才引導至住宿的房間。這種基本簡單的服務，目前在歐洲一些小鎮仍有這樣充滿人情味的家庭式服務。在這過程中，我們可以現代的管理標準，將這種行爲分成：「房務」與「客務」。房務就是構成旅館最主要的商品——客房；而客務就是接待與管理的面對面服務。

客房的組成要素及形態

客房的決定條件是依據市場定位而來的，客房商品在建築規劃時是「未來商品」，如果是工程改裝（Renovation）的情況也是市場未來的商品，而且當它完成後其運作的生命是長遠的，甚至是「永續經營的」。所以在建築規劃或設計時應有前瞻性專業的眼光，才不會鑄成不可補救的錯誤。早期（1970 年代）因應當時市場的需要，基本上尚有「單人房」與「雙人房」之分；80 年代以後，市場需求有所改變，即以同一種標準的客房規格配上不同的生財器具而作出各種不一樣的空間組合與生財配置變化，有：「單人房」、「雙人房」、「豪華標準客房」、「三人房」、「家庭房」等各種變化。其組成要素爲：

客房空間

在一般的經驗標準上來說，一間標準客房我們稱爲一個「單元」（unit），一個單元的建議標準規格淨寬度爲＞4.0m x 長度＞

5.0m，不包括浴室、入口小走道（Vestibule）、陽台（Veranda）、衣櫥（Wardrobe）等空間。而各種不一樣規格的套房（Suite）、或小型套房（Studio）、或大型套房（De-Lux Suite）等都由標準「單元」配套組合而來，所以標準「單元」是客房組成的第一要素。

> 註：
> 大陸「旅館設施設備星級標準」80％標準間客房淨面積（不含衛生間）20㎡或更大。台灣「觀光旅館業管理規則」國際觀光旅館客房淨面積（不包括浴廁）最低標準爲單人房十三平方公尺，雙人房十九平方公尺，套房三十二平方公尺。各客房室內正面寬度應達三‧五公尺以上。

浴室

是客房功能的生活必須空間，它可以滿足客人生活上及生理上的衛生需求，對一間完整的客房來說他是必備的。基本設備及配件：坐式馬桶、洗臉盆及台面、浴缸或淋浴間、化妝鏡等，下身盆（Bidet）爲歐洲客人必備設備，套房可選用。

> 註：
> 大陸「旅館設施設備星級標準」衛生間面積 4㎡～6㎡或更大。
> 台灣「觀光旅館業管理規則」國際觀光旅館客房專用浴廁其淨面積不得小於三‧五平方公尺（一般觀光旅館浴室淨面積不得小於三‧○平方公尺）。

客房樓層公共走道

雙面客房者走道淨寬度應＞1.8m；單面客房者走道寬度應＞1.3m。

> 註：
>
> 「觀光旅館業管理規則」國際觀光旅館標準；一般觀光旅館及一般旅館的走道淨寬度規定：雙面客房1.6m，單面客房1.2m。

生財器具設備

客房

衣櫥、行李架、梳妝台、梳妝椅、床鋪、床頭櫃、休息沙發、茶几、各式照明器具、電視機、背景音樂、迷你酒吧、床頭多功能控制器、空氣調節裝置等。

浴室

坐式馬桶、梳妝面盆、浴缸附淋浴龍頭、刮鬍刀插座、排氣風扇等。

> 註：
>
> 大陸「旅館設施設備星級標準」規定，單人軟墊床 1.9m×1.3m 或更大。衣櫥進深不小於 50cm，長度不小於 120cm（最高評分標準；最低評分長度 100cm）

客房型態

客房的型態是指配合各種市場定位或市場需求所製作或調整出來的各種配置型態及規格。基本上我們以上述「標準單元客房」為基準，作成不一樣內容的生財配置，或以一個以上的「單元」作成各種組合的大型「套房」，來作各種客房型態的說明：

單人房

一般單人房（Single Room）是指客房內只佈置一張床鋪，無論它是單人床（Single Bed）或雙人床（Double Bed or Queen Bed）。基本上是提供給一般商務功能及夫婦旅行使用為主。有時

在管理上爲區別單人床或雙人床的規格，稱呼爲 Single Room 和 Double Room。

雙人房

一般雙人房（Twin Room）是指客房內佈置兩張床，提供團體旅客住宿爲主者爲兩張單人床。兩張床鋪的排列佈置是分開而中間放置床頭櫃，稱爲 Twin Style；若將兩張床合併在一起而兩側各放置個床頭櫃者，稱爲 Holywood Style。配合市場需求，亦可放置一張單人床和一張雙人床；亦有放置兩張雙人床，都要爲家族旅行住宿使用。

三人房

三人房（Triple Room）通常佈置一張雙人床（Queen Bed）和一張單人床（Single Bed）供小家庭旅行住宿。有時也以單人房的 Double Room 臨時加床來解決。

家族房

這種房間在美國或渡假區較多，一個客房單元中擺設兩張雙人床，一般專業稱呼爲 Double-Bouble。

連通房

將兩個單元客房之間以連通門（Connecting Door）連接作各種不同功能的運用。可連通兩間獨立客房爲家族房；可連通兩間獨立客房爲套房（一間臥室、一間客廳）；將連通門關閉就是兩間獨立的客房。這種功能的客房稱爲 Connecting Room 在客房的規劃時可酌量考慮。

套房

套房（Suite Room）一般的旅館在規劃時配合市場需求都酌量考慮配置，尤其是商務旅館和渡假旅館。標準的套房是同時使用兩個單元客房空間，一間供客廳起居使用，一間供臥室和浴室使用。臥室的床鋪通常使用雙人床以上規格，以示服務升級較爲

舒適；也有使用兩張單人床作 Holywood Style 的配置，在歐、美較流行，不過在東方一般較不容易被接受。套房的浴室設備和建材的配置及標準，應該作較高級的設置考慮。

商務客房

商務客房（Executive Room）通常專為都市的商務旅館而規劃的。通常將一般的客房單元在功能的考量上，儘量能滿足商務客人的需求，例如，書桌、休閒椅、迷你酒吧、電腦資訊專線、傳真機專線等。而且在服務上做到專屬商務樓層（Executive Floor）接待登記、專屬小餐廳和酒吧、專屬的休閒設施服務等，為旅館經營變化的一種手段。

小套房

介於商務客房與套房之間的功能運用，有時如樓層配置規劃時，角落的空間利用，其規模正介於一個單元以上又小於二個單元，可運用作為小套房（Studio），在臥室與起居室之間的隔間可做彈性設計，使人看起來很精緻。

豪華套房

將三個以上的單元客房合併規劃而成的大型客房，一般稱為豪華套房（Deluxe Suite），供貴賓住宿用；或更超級大的總統套房（President Suite），市場行銷效率低，但可供大型旅館形象建立作宣傳廣告用。當然附帶的浴室、客廳、餐廳、會議室、書房等設施也豪華升級舒適許多。

民族式客房

如日本式的 Tatami Room；韓國式的炕式通舖；鄉野渡假團體大統舖等，其規格彈性較大，通常配合現場空間規劃來安排和市場定位來決定。而像南太平洋群島、印度洋島嶼或南洋諸島的民族小木屋（Bungalow）或高架杆欄式建築，外表雖然很個性化，但內部卻很現代化，完全是西式的生財設備。

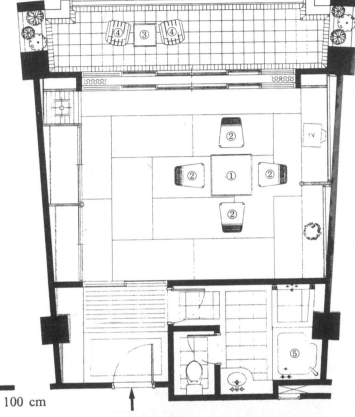

①茶几
②椅子
③露台茶几
④露台休閒椅
⑤溫泉浴槽

0 25 50 100 cm

知本老爺大酒店——日式套房

① 茶几
② 套几
③ 裝飾桌
④ 床頭櫃
⑤ 化妝桌
⑥ 圓桌
⑦ 行李架
⑧ 單人沙發
⑨ 雙人沙發
⑩ 椅子
⑪ 單人床

0 25 50   100 cm

台北老爺大酒店——套房

①電視櫃
②化妝桌
③床頭櫃
④圓茶几
⑤行李架
⑥休閒椅
⑦椅子
⑧雙人床
⑨露台茶几
⑩露台休閒椅
⑪溫泉浴槽

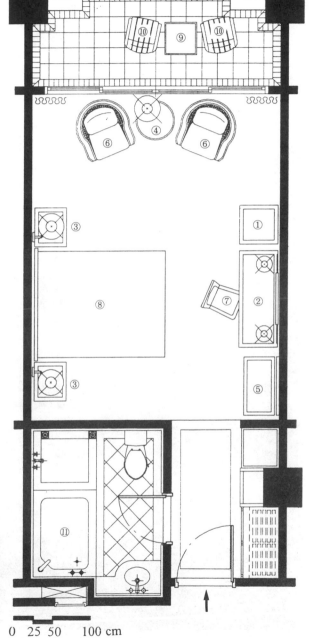

知本老爺大酒店──單人房

0 25 50   100 cm

①套几
②床頭櫃
③化妝桌
④行李架
⑤單人沙發
⑥椅子
⑦單人床
⑧床尾凳

cm 0 25 50 100

台北老爺大酒店——雙人房

客房與客房及其它空間的關係

客房為旅館最主要的經營機器，客房與客房合併組成客房群或客房樓層，在這之中有夾雜一些後場的管理功能設施，及上下或內外進出動線的關係。在客房樓層的平面配置中，樓層的電梯門廳（Foyer）或連接其他客房群通道的小廳（Foyer），就是樓層中心，從這中心經過走道或長廊（Corridor）連接各間客房和安全梯。在這平面組成關係中，尚有一些設施與旅客發生直接或間接的關係例如，以接待西方客人或海濱渡假為主者，他們多喜飲用冰水、冷飲或威士忌酒，須使用冰塊，所以必須設置製冰機於客房樓層公共走道邊，提供自助式服務；大眾化價位以接待團體為主者，亦必須設置自動販賣機，提供各式速食包、飲料、香煙或日用品等商品販賣。後場部份，旅館的房務打掃工具的工作間、備品室等，甚至客房送餐服務（Room Service）的送菜梯或電梯等，均必須列入考量。現在我們就以下列的圖表來作說明：

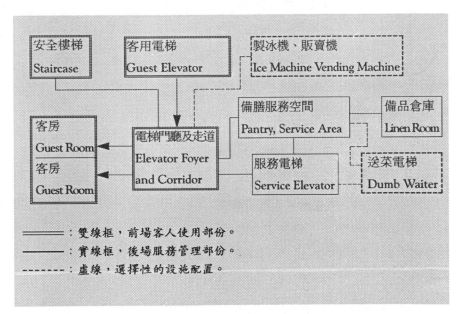

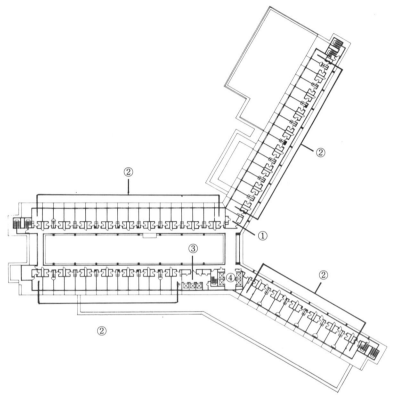

①備品管理室

②標準客房

③服務電梯

④客用電梯

三層平面配置圖

①備品室

②備品室兼樓層房務管理站

③客用電梯

0 2.5 5 10 cm

五層平面配置圖——台東娜路彎大酒店

　　旅客在主要樓層（一樓或商務接待樓層）登記遷入
（Registration for Check-in）之後，即由前台服務員或行李員引導
搭乘電梯或步行到達客房，將行李放置於行李架並簡單地向旅客
說明客房設施之使用後，並將門鑰匙交給客人，即完成旅客遷入
動作。此後一直到客人要退房遷出之前，客房的使用權即為客人
所有，在這段期間內旅館的客房主要管理作業就是清潔服務
（Housekeeping）及客房送餐服務（Room Service）。其他如詢問服
務、洗衣服務、留言信息傳遞、客房整理等，為客人提出的要求
或一般性的服務，由房務部門或前台門房處理。上圖中配合圖表
製作說明為前場，客人使用部份；配合圖表製作說明為後場服務
管理部份，虛線部份為選擇性的設施配置，比如製冰機或自動販
賣機之裝置，大部份都是市場定位為一般性普通層次商務或團體
旅遊的旅客為對象，收費不高而且要降低管理上的人力成本，所
以有些服務以機器來替代由客人自己服務，這種情形在日本及美
國的都市常有，他們稱為 Business Hotel，屬於本土化的行為習
慣，與一般國際性高級商務旅館差距很大。

　　在各種不同型態客房配置關係上，依據前述的客房型態來
說，如果是高層樓房建築，基本上以市場定位越高級型態的客房
配置在越高的樓層，並且在動線規劃上儘量與其他一般型態客房
的動線避免交叉或重疊，使其保有較高度的私密性減少干擾；若
是低樓層或平面樓層建築者，可考慮將越高級的客房配在較偏遠
的位置，尤其是休閒渡假性的旅館，甚至有它獨立的小圍牆、花
園和游泳池。

　　後場的房務管理服務，基本上是每天定時的例行清潔服務，
由清潔婦或房務員（Room Maid）於每天上午逐間客房整理。在
配置關係上，房務管理之服務空間（準備室或備品室）和客房樓
層的公共走道連通，而服務空間（Service Area）在後場又與服務
電梯（Service Elevator）及備品室（Linen Room or Linen Storage）
相接，這是很重要的動線關係，平時前場連通後場的門均保持關

閉，使客人走過時並不察覺到它的存在，但在服務上它是保持旅館客房清新亮麗、整齊清潔的樞紐。每天從客房整理出來的髒污布巾、杯子和垃圾，都在這兒分類打包分送處理（房務備品室為房務員工作需要，建議考慮設置一處簡單的盥洗室或廁所）；而客房送餐服務（Room Service）也是以後場的服務電梯24小時來供應，其繁忙的情形可想而知，所以在規劃時視市場定位及服務需要，亦可考慮在客房樓層的後場配置兩部服務電梯或一部服務電梯，一部送菜電梯（Dumb Waiter）。

旅館客房建築規劃的作業

旅館建築規劃作業進行到初步定案時，必須依據原先的開發計畫概念（Concept of Master Plan）與實際的建築規劃的落實關係，再從頭檢視一次。檢查的重點（Check Point）時，必須邀集業主，旅館開發顧問和經營管理顧問一起檢討，由建築規劃者逐點提出說明或報告。檢查重點如下：

1.各種形式及規格客房比例與數量。
2.各種形式的客房配置與經營政策、市場定位需求。
3.後場管理服務動線的合理與經濟原則。
4.客房空間配置各式生財家具：

① 家具尺寸與室內空間比例、實用及視覺平衡。
② 旅客動作及使用的方便性。
③ 房務清潔的動作。

5.牆壁及隔間計畫必須配合設備管路之保養及維護。
6.客房單位組織的單元標準化。
7.衛浴設備的配置關係。
8.建築結構樑柱可以定位。

9.核計所有門扇的寬度、開啓方向，及旅客避難疏散動線。

10.配合建築外牆造型，確定窗戶數量、大小、形式與其附屬遮陽設施和窗簾。

11.建築裝修計畫：粉刷材料、色彩及表面處理。

以上各點檢查修正後，初步的客房樓層之基本設計完成，即可將其平面配置投影至主要出入樓層或一樓，再進行「外動線」與客務接待和管理關係。

客房的建築裝修設備標準

本節內容就是進入各項有關客房設施和設備細節，包括：固定的設施——建築裝修；活動生財設備和器具等，它們的設施設備標準和規格，這些標準和規格是依據相關法令規定和配合多家國際性旅館系統經營管理的需求，長期營運經驗所累積下來，所訂出來的標準。可作爲一般旅館規劃的參考，但也不一定是絕對的。

客房的建築與裝修之設施標準

建築與裝修是指除建築物的結構體之外，裝設於建築外牆或內部裝修的工程。在永續經營的財務和工程維護的管理上，屬於半永久財，於開幕後第二年起，每年必須編列固定百分比的維修預算來維護的設施，其折舊率也因設備器材的不同，而在不同的年限中，由董事會在稅前盈餘中撥付「資產重置費用」來購置或翻修。

1.建築必須爲防火、耐震、隔音的安全空間結構、並有安全逃生避難疏散通道。

2.火災警報設備、消防設備、緊急廣播、灑水設備、緊急排

煙設備、緊急照明設備等系統；避難安全樓梯及通道、緩降逃生機及消防送水口等。

3.建築隔間材料為防火隔音之不燃材料，施工時應施作到頂板（頂天立地），且防火時效三十分鐘以上。

4.客房平頂之裝修建材為不助燃防火材料。

5.客房門為實心木門或鋼製防火門，門扉尺寸H204cm×W90～95cm×T35～45mm，裝置自動關閉彈簧鉸鏈，但打開時可九十度定位供房務清潔時的管理要求。門內側應裝置防盜鍊（door guard），窺孔為選擇性裝備。

6.浴室門及一般門可採用空心夾板門，但雙面表面夾板厚度最少為6mm以上，內部橫向水平暗筋至少在11枝以上，且空心部份應有隔音防火填充物。

7.客房門、浴室門及衣櫥門一般在配置設計上較接近，注意其設計高度最好一致比較美觀。

8.門鎖系統為旅館客房的安全保障，尤其是客房門鎖必須於隨時關閉時即自動鎖住，外側之門把是固定不可轉動的。目前市面上門鎖種類很多，但基本上分為刷卡感應的電子鎖及傳統的機械式喇叭鎖。配合經營管理上的需要，門鎖系統的建立的概念是一樣的，在這兒我們以機械式傳統鎖系統來作說明。一般客房門的外側門把是固定的，且門把內側有佔用按鈕（Emergency Button），當客人住進房間並按下時，一般管理單位的鑰匙無法打開，只有總管理者持有的緊急總匙（Emergency Master Key）才可於緊急狀況下開門，這是提供住客的私密性及安全保障。客房門鎖的門鎖座距（Back Set）最少應在70mm以上。

9.浴室門鎖，其材質規格與客房門鎖相同，有活梢（Latchbolt）但無鎖梢（Deadbolt）。為了保障客人沐浴的隱私權，浴室門鎖可於關門時由內側按入按鈕控制活梢，使其具有鎖梢作用。當浴室門開啟時，若先放下活梢按

鈕，則會在關門時自動將活梢按鈕解除彈出。遇有緊急時，浴室門可以使用簡單工具例如，銅幣、螺絲刀或錐子等，由外側打開。

10.管道間保養門鎖：整個旅館的所有管道間保養口，均爲鋼質防火門，其門鎖應全部使用同一把鑰匙（即鎖心Cylinder 的結構均相同），以方便管理。

11.鑰匙管理系統表：Hotel Key System

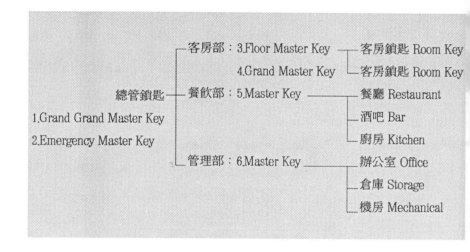

12.窗戶大小比例與材質：除非是有陽台的落地式玻璃門，一般客房窗戶開啓的大小，應大於客房面積的七分之一，而且窗台的最低高度應低於九十公分，使旅客坐於室內時非常方便的可以觀賞戶外景色，產生開闊感。

在窗戶的材質上，以金屬品爲最佳，其風壓設計之標準以其地方條件與建築高度爲考量，台灣地區一般十二層高樓其風壓均以220kg/m²以上。

窗戶的構造可分爲（1）橫拉窗；（2）推射窗；及（3）氣密窗等三種，一般寧靜地區或風景區使用橫拉窗或推射窗即可，成本較低；都市或較吵雜地區必須使用氣密窗以

維客房室內的安靜。

一般窗戶遮斷噪音的標準為：－32～35db（遮斷三十二至三十五分貝）。

客房的生財器具與設備的設施標準

生財器具與設備是指客房內可以活動裝置的各種設施例如，家具、地毯、窗簾、電視、音響和冰箱等。這些設施屬於半永久財，其折舊率比建築裝修稍短，但若維護保養良好，將會為旅館的永續經營創造出「古董級」的話題，加上親切服務的招牌，就會像歐洲有許多有名的旅館因此享有盛名。

床鋪（Bed）

床鋪是旅館客房最重要的基本設備，也配合市場的定位，決定客房規格、形態最重要的器具。在規格尺寸上有以下幾種標準規格和彈性規格：

1. 單人床：Single Bed

   標準規格為W100cm×L200cm。亦有寬度為90cm的彈性規格，可視地方市場定位需求而定。

2. 雙人床：Double Bed

   也稱為Queen Size Bed，標準規格為W150cm×L200cm。在寬度的彈性規格可以140～165cm。特種規格有小型雙人床（Semi-Double）W135cm×L200cm。通常超過W150cm寬度的床鋪，在作房務清潔時，清潔婦或房務員移動床鋪時較為吃力，效率稍差。

3. 特別床：Extra Bed

   也稱為 King Size Bed，標準規格為 W180cm×L200cm。也有將W200cm×L200cm稱為 King Size Bed。

4. 床鋪高度一般均以 50cm為標準，在製作上的彈性高度 45cm～60cm的規格，視當地旅館市場消費及製造規格習慣而

定。

5.床鋪通常分爲上下床墊，上層墊的主要結構爲適當數量的迴圈狀筒形彈簧，以鋼線縱橫固定，上下滿鋪椰鬃或棉絮層內墊，外包厚棉布。上墊彈簧規格表：

① 單人床　W100×L200，@#13彈簧 9×24＝216個，#9 床沿線。

② 雙人床　W150×L200，@#13彈簧15×24＝360個，#9 床沿線。

③ 特別床　W180×L200，@#13彈簧18×24＝432個，#9 床沿線。

　　各家床鋪製造規格均稍有不同，實際規格以製造商提供資料或實物爲準。

　　下層墊底部裝設有腳架及活動球型轉輪或滾筒滾輪，以方便清潔時整鋪被單和毛毯，移動床鋪之用。球型轉輪爲Φ50mm；滾筒型滾輪爲Φ50mm×L100mm。

休息用家具（Rest Chair & Sofa）

　　配合客房之市場定位來決定。基本上每一間標準客房至少需要二張休息用有扶手的椅子，或一張椅子一張沙發，或一張沙發床；另外配上一張小茶几。規格尺寸的大小配合空間和市場定位來做適當的搭配。小茶几的大小與功能，有的旅館也將其列入客房送餐服務的器具來考慮，則也可以減少一些送餐用活動桌的設備成本。休息用椅子一定要有扶手及靠背，座墊及背墊宜用布質或軟皮質軟墊，以求舒適。座墊大小至少需要45cm×45cm，高度配合旅館生財器具及人體工學（Human Egineering）來設計，最適當座墊高38cm～45cm，茶几的高度爲搭配設計。

梳妝台及書桌（Dressing Table & Desk）

　　一般觀光旅遊功能的旅館客房，梳妝台及梳妝椅爲標準配備，在設計上有的梳妝台的梳妝鏡藏於活動的台面下，平時像一

般書桌，化妝時將台面往上翻起豎立即可使用鏡子梳妝，這在日本或歐洲的一些專供觀光旅遊的旅館常有如此設計，因爲客房空間也不太大。目前及未來的市場趨勢在客房的空間上均較合理寬敞，梳妝台的設計有時配合市場定位需求，可供一般觀光及商務兩用功能；若有較大空間的商務專用客房（Guest Room for Executive Floor）可將梳妝台與書桌專用功能分開，顯得較爲高級豪華。

梳妝台兼書桌功能者最小參考尺寸：D60cm×L120cm×H75cm，其設計重點爲台面深度。

梳妝椅一般的規格只有靠背而無扶手，亦有少數無靠背設計者。

行李架（Luggage Rack or Baggage Rack）

行李架是旅客遷入時，旅館行李搬運服務並引導旅客到要住宿客房的一個責任交代點。當服務員將行李放置於行李架並將客房設施作簡單說明後，將客房鎖匙交與客人，則遷入作業動作完成。行李架設計上有固定式及活動式二種：固定式因荷重量大（約＞80kg），且可設計爲矮櫥櫃形式，搭配整體家具生財器具系列，非常美觀並增進商品價值；活動式行李架爲摺疊式結構，基本上是爲節省客房空間、或客房空間不足、或除固定式行李架外的增設器具，一般荷重較輕（約＜50kg）。

其最低標準參考尺寸：D45cm×L80cm×H40cm。

床頭板（Bed Head Board）

床頭板與床鋪是一體組合的一部份，基本上它除裝飾功能外也是保護睡覺時頭部的舒適性，且可使牆壁免於頭髮油垢的污染。配合床鋪大小的寬度，原則上床頭板的寬度比床鋪兩邊各寬約5cm，作爲床單、毛毯、床罩等的包折空間。

床頭櫃（Night Table）

床頭櫃通常兼有客房內使用設備的總控制樞紐功能，但在室

內裝修設計時，應以處理家具系列搭配的手法來處理。床頭櫃的數量原則上是以一張床一邊一個爲最佳。雙人房（Twin Room）使用兩張床時，可以用三個床頭櫃或中間一個床頭櫃。

床頭櫃上是旅館常爲促進消費服務，擺設使用說明或其他印刷品的地方，也是客房電話機放置的位置，有時床頭燈也設計在台上，所以台面尺寸最少應爲：D40cm×L50cm×H50～60cm。（歐洲旅館床頭櫃高度常見H＝70cm）

衣櫥（Wardrobe）

衣櫥爲旅館客房重要生財之一，一般來說設計非常簡單，一層衣帽棚板及一根掛衣架的金屬管而已。衣櫥門的設計可分爲三種：(1)懸吊式向外搖擺式鉸鏈門；(2)懸吊式軌道橫拉門；(3)懸吊式軌道摺疊門。門扇表面設計乃配合室內家具整體格調，可密閉式；可百葉式。櫥內配合後續經營管理需求，常會配備一些設施：三層或四層式抽屜斗櫃、保險箱、領帶架、衣刷及鞋刷等掛鉤。

衣櫥最小尺寸：D55cm×L90cm（高度配合室內裝修）

照明燈具（Lighting Fixture）

客房燈具型式基本上配合設計可選用：(1)桌上檯燈（Stand）；(2)落地燈（Floor Stand）；(3)壁燈（Bracket）；偶而因裝修設計會配置；(4)吊燈（Chanderlier）以及(5)特殊崁燈（Downlight）。所有照明器具必須通過國家安全檢查標準。

每間標準客房單元的照明以5100光束（Lumens）爲準（約等於300W白熾燈泡），當然可以使用同樣照明光束的其他光源燈泡。標準照明分配情況：

1.床頭閱讀用：1700 Lumens（100watt）。
2.化妝檯或書桌：1700 Lumens（100watt）。
3.休息及用餐處：1700 Lumens（100watt）。

窗簾（Curtain）

材質以 TC 或 TR 棉及化纖混紡爲主，表面必須經過防燃防污處理；外襯以深色裡布或特殊滲鍍防火膠布，以百分之一百遮斷戶外光線爲原則。窗紗的使用視客房室內氣氛之營造或旅館格調水準需求而定，並不是必備之標準。窗簾必須使用重型軌道。若使用雙軌時至少應有 10cm距離。也有配合設計需要使用木製百葉窗（Blind Window）作爲遮光或可調光功能，但其間仍需要使用窗簾，以達到完全遮斷光線效果。

地毯（Carpet）

客房地坪鋪設地毯除舒適美觀之外，最主要目的在消除走路或講話噪音，造成一種安靜的環境。地毯材質與規格最低使用標準：

1.壓克力或尼龍紗　　　　　　　　0.78kg/m²（0.15Lb/Sqft）
2.羊毛紗　　　　　　　　　　　　0.24kg/m²（0.24Lb/Sqft）
3.亞克明斯特（Axminster）混紡紗80％Wool＋20％Acry
　　　　　　　　　　　　　　　　0.89kg/m²（0.17Lb/Sqft）

在用途配置與規格關係標準方面：

1.客房室內（素色或混色紗）　　　0.24kg/m²(0.24Lb/Sqft)
2.客房樓層走道及電梯口(素色或混色紗)
　　　　　　　　　　　　　　　　1.44kg/m²(0.29Lb/Sqft)
3.餐廳、宴會廳、酒吧(素色或混色紗)
　　　　　　　　　　　　　　　　1.89kg/m² (0.38Lb/Sqft)
4.餐廳、宴會廳、酒吧(鉤針織花)　2.11kg/m²(0.42Lb/Sqft)
5.門廳(鉤針織花)　　　　　　　　2.44kg/m²(0.48Lb/Sqft)

在正式決定生產之前，必須確定毛紗的染色及圖案的織法，提供樣品確認後方可以大量生產。一般因爲旅館地毯使用量均超過工廠的最低訂單量，所以可以特別設計配合氣氛要求的圖案來

生產。

音樂播音－BGM（Back Ground Music）

通常客房均設置 4～6 個頻道（Channel），提供流行音樂、熱門音樂及古典音樂等不同頻道的背景音樂服務。音樂播放的揚聲器的設計，每一客房單位爲 0.5W min～1.0W max.，並不需要有身歷聲（Hi-Fi Streo）的要求，亦可以與緊急廣播（應急廣播）的揚聲器以與自動切換控制共用。

化妝穿衣鏡（Dressing Mirror）

每一間客房至少需要一面化妝穿衣鏡，其最小規格尺寸：W40cm×H75cm×th0.5cm。

消遣娛樂服務

1. 電視機（Television Set）：目前旅館市場均使用＞21”之標準彩色電視機；因應未來市場需要及高畫質電視節目的普及，高畫質電視機將是未來使用趨勢。電視節目來源：除傳統的無線電視及衛星電視節目外，有線電視節目及館內影視節目的播映也是重要的服務。電腦連線收費的限制級或成人電視節目，逐漸普及爲旅館服務項目之一。

2. 迷你酒吧（Mini-Bar）：提供客房內各種酒類及飲料服務的設施。按照過去市場經驗，一般都市商務旅館的平均消費使用率爲 35%，觀光旅館及渡假旅館平均使用率爲 20%。其基本設施爲小型冰箱一部和置物棚架，東方客人因習慣熱飲茶類或咖啡，有時也必須提供電熱水瓶（一般容量 2000cc.）。迷你酒吧的管理單位爲房務部門，有的旅館因管理不善，只提供冰箱不放置飲料和食物，這是很奇怪的現象。

浴室的設備與配件之設施標準

依據交通部觀光局頒佈之「觀光旅館業管理規則」附表二，

國際觀光旅館建築及設備標準：貳、設計要點「六、每間客房應有向戶外開設之窗戶，及設有專用浴廁，其淨面積不得小於三·五平方公尺，……」；參、設備要點「三、客房浴室須設置浴缸、淋浴頭、坐式沖水馬桶及洗臉盆等，並須供應冷熱水。」

大陸國家旅遊局之「評定旅遊涉外飯店星級的規定和標準」（項目一），飯店建築物、設備設施和服務項目必備條件：

「三星」三、客房「3.客房衛生設備：每間客房有衛生間，裝有抽水恭桶、梳妝台並配面盆、梳妝鏡、浴缸帶淋浴噴頭，均配有浴簾。採取有效的防滑措施。衛生間採用較高級建築材料裝修地面、牆面，色調柔和，目的物照明度良好。有良好的排風系統或排風器、110/220 伏電源插座。24 小時供應冷熱水。」

「四星」三、客房「3.客房衛生設備：每間客房有衛生間，裝有低噪音抽水恭桶、梳妝台（配備面盆、梳妝鏡）、浴缸帶淋浴噴頭，均配有浴簾、晾衣繩。採取有效的防滑措施。衛生間採用高級建築材料裝修地面、牆面，色調柔和，目的物照明度良好。有良好的排風系統或排風器、110/220 伏電源插座、電話副機。24 小時供應冷、熱水。」

「五星」三、客房「3.客房衛生設備：每間客房有衛生間，裝有低噪音抽水恭桶、梳妝台（配備面盆、梳妝鏡）、浴缸帶淋浴噴頭，均配備浴簾、晾衣繩。採取有效的防滑措施。衛生間採用豪華建築材料裝修地面、牆面，色調柔和，目的物照明度良好。有良好的排風系統或排風器、110/220 伏電源插座、電話副機，配有吹風機（附使用說明）和體重秤。24 小時供應冷、熱水。」

客房浴室的衛浴設備，在旅客的生活服務上扮演很重要的角色，其設備大致可分為固定衛浴設備及配件兩類，詳細說明如下：

固定衛浴設備（Sanitary Equipment）

浴缸（Bath Tub）

一般旅館常用的浴缸材質與規格：

1. 玻璃纖維（Fiber Glass Polyester簡稱F.R.P.大陸稱爲塑鋼材料），旅館使用之浴缸爲半永久財，使用年限通常均超過10年，所以在製造規格上建議做到底部五層、側牆四層的標準（即底部五層玻璃纖維六層多元脂、側牆四層玻璃纖維層多元脂；一般市面上的現成品均爲底部三層、側牆二層）。臥式浴缸長度 140cm～160cm×寬度 70cm～85cm×容水量深度 40cm～55cm。若從浴室地面看浴缸圍板（Apron）的高度建議在 42cm～45cm 之間，方便年紀大或肢體行動不方便的人士進出浴缸。

2. 鋼板琺瑯（Steel/Enamel），以鋼板壓擠成型，表面以琺瑯燒成處理的浴缸。安裝時浴缸與地面防水層之間空隙須充滿填充物，以補強浴缸結構、降低水聲和提昇保溫效果、延長使用壽命。規格同玻璃纖維浴缸。

3. 鑄鐵琺瑯（Casting Iron/Enamel），爲最理想之旅館客房浴缸，強度夠、壽命長、維護容易。規格同玻璃纖維浴缸。

以上三種浴缸均表面光滑容易清潔，但浴缸底部應作有效的防滑處理，以維使用安全。

淋浴間（Shower Booth）

獨立的淋浴間設施，其最小淨空間尺寸：W90cm×D90cm×H190cm，淋浴間門開口處最窄爲60cm。

洗臉盆（Lavatory/Sink）

旅館客房浴室之洗臉台，包括：洗臉盆、台面及化妝鏡，台面爲旅館提供旅客使用之各項化妝品、梳洗用品和手巾等物品的放置處，其最小規格：L＞90cm×D60cm，配合人體工學的使用高度 H75～80cm。

洗臉盆材質爲衛生瓷器製品（一般人造石材洗臉盆的表面不耐久用，容易結垢不易維護），配合台面清潔管理需求，大多採用下崁式（Under Counter）安裝法，清潔打掃時方便將台面潑水撥

入盆中。洗臉台面材料應選擇質硬防腐蝕，容易維護清潔的材料。

馬桶（Water Closet or Toilet Bowl）

早期旅館浴室多採用噴射沖水式凡而（Flush Valve）馬桶，沖水清潔效果良好，但水量耗費過多，且沖水噪音太大。目前大多採用低噪音或靜音附設水箱的單體馬桶，用水量較為節省。

照明燈具（Lighting Fixture）

浴室照明的照度標準為 3400光束（Lumens），相當於 200w 的白熾燈泡。配合浴室氣氛或重點照明需要，可以設計配置各式照明燈具。

排氣（Ventilation）

客房的冷暖房空調設備均有送風（Diffusing）、回風（Return）的循環系統，和新風（Fresh Air Supply）及排氣（Ventilation）換氣功能，而其中的排氣功能設施就是裝設於浴室。在空調換氣量的計算上，必須再加入洗澡後浴室熱氣迅速排出條件的考量。配合客房內部空氣調節換氣功能的需求，客房與浴室之間的浴室門扉必須裝設百葉氣窗或在門扉下方留出約 1.0～2.0cm空隙，方便客室的排氣與換氣。

浴室梳妝鏡（Bath Room Mirror）

通常配合洗臉台整體搭配設計，最小規格：W60cm×H90cm，厚度 0.6mm。鏡子後面為防止熱氣的除霧熱線裝置，為選配的設備。

浴室配件（Accessories）

化妝面紙盒（Tissue Paper Box）

一般都以活動紙盒的放置在洗臉台上，也有為防止潑到水，而將面紙盒崁入牆壁或洗臉台下方的圍板（Apron），外面加裝一片活動的不鏽鋼蓋板方便換紙。

草紙架（Toilet Paper Holder）

裝置於馬桶前方側面牆上或方便取得的適當位置。一般離地

高度爲70cm。爲方便管理及提昇服務品質，亦有同時裝置兩卷草紙。在歐洲的旅館通常設置一個卷紙架，一個挿紙架。

掛衣勾（Hook）

裝置在浴室門內側上方H＝150～160cm，爲客人掛置衣物使用。

浴缸防滑握桿（Grab Bar）

斜裝於浴缸側面牆上，最低處向浴缸躺臥頭部方向，高度離地60cm呈45°往淋浴或水栓龍頭處上斜裝設，使沐浴者無論躺臥浴缸或站立淋浴時，方便捉握防止滑倒。長度60cm～90cm表面爲粗毛絲面處理。

浴帘桿（Shower Curtain Rail）

拉上浴帘浴缸在淋浴時，可以防止洗澡水濺到浴室地面，保持浴室乾淨。浴帘桿安裝高度H＝190cm。

浴巾架（Bath Towel Rack）

裝置於浴缸頭部上方，有些設計僅爲放置浴巾使用；也有浴巾與毛巾（面巾）合併放置的設計產品。

毛巾架或毛巾桿（Towel Rack）

若採用浴巾架分開的設計，則毛巾架裝置在洗臉台側面牆上。

開瓶器（Bottle Opener）

早期的美國式旅館均提供玻璃瓶裝的碳酸飲料，例如，7-up，Coca Cola等，爲方便開瓶就裝設固定式開瓶器於浴室牆上或洗臉台下方，近年來易開罐飲料風行，開瓶器也就無用武之地了。

晾衣繩（Clothes Line）

爲一般商務或觀光旅館的標準配件，其採購管理及安裝作業，包含於旅館籌備處的小生財（S.O.E.）採購業務範圍內。

近年來國內外衛浴設備設計及生產廠商，由於生活服務水平要求提昇及製造技術進步精良，常有新產品推出，所以無論在旅

館開發規劃時或旅館改裝工程時，衛浴設備的形式及規格的選擇，通常在客房規劃之初首先要決定的要件之一，以利後續有關給排水配管位置及水量的計算。本文之標準爲參照國內外各旅館系統設備標準要求，及作者從事旅館開發規劃工作之經驗歸納而得到的一般標準。

客房樓層公共服務及管理設施

客房樓層除構成旅館最重要的各項上述客房與其設備外，在樓層設備中尚有其他配合服務與管理的設施，說明如下：

生飲水設施

在國外先進國家，其自來水均已達到生飲標準，且一般生活中均有生飲自來水的習慣，所以旅館客房設備中的飲水供應，並不特地裝設。但國內自來水供應普及率達90％，水處理能力也已臻國際生飲標準，但供水管線及中繼水池和水塔清潔等條件並不理想，若想達到標準的生飲水供應標準，需於旅館內部自行裝置生飲水處理系統，方可達到服務水平。

目前政府並無強制規定裝置生飲水設備要求，可由旅館業界依市場需要來決定是否裝設。若旅館裝置生飲水系統設備，其供應取水出口設置位置：

1.各式客房浴室之洗臉台上。
2.各廚房備餐室及酒吧準備室之茶水供應站。
3.職工餐廳及辦公室之茶水供應站。

自動販賣機及製冰機設施（Vending Machine & Ice Machine）

爲了降低人工服務成本及配合旅館市場定位對象，一般商務旅館及觀光旅館，或以接待團體旅客爲主的旅館，常在各旅館客房樓層提供自動販賣機及製冰機的設備，服務旅客。高級商務旅館或以散客（F.I.T.）爲主的旅館，一般旅客對客房餐飲服務（Room Service）的使用比率較高，不必裝置自動販賣機，但偶而

配合地區性（例如，歐洲或美洲）旅客佔多數的市場，也會配置製冰機的。

自動販賣機通常提供：香煙、速食餐點、西點及各種冷熱飲料服務，機器設備配置於電梯口附近或樓層走道中心適當之地點。

客房樓層服務台（Floor Station）

客房樓層的服務台並非必要的設施，視實際經營管理上定位的需求而定，但在大陸地區爲規定必要的設施。

備品間（Linen Room）

爲客房樓層房務管理及清潔服務的中心，備品間及服務工作室可合併或分開規劃。備品間爲放置該樓層或二層樓一處之客房備品儲放場所，儲放物品包括：床單、毛毯、枕頭套、毛巾、浴巾、手巾、草紙、面紙、浴室用各項消耗性化妝品及盥洗用品、印刷品、玻璃杯……等。另需要配置置物棚架；工作室須放置房務清潔工作車，收洗的客衣、床單、枕頭套、浴巾、毛巾……等，另需要配置洗滌水槽、工作台及工具放置空間，要有獨立可以管制的門扇控制管理。在空間關係上須與服務用之工作電梯及安全梯連通，牆壁上或其中角落須裝置與電腦系統連線的「客房狀況指示器」（Room Indicator）與火災警報受信機分盤、工作用內線電話機及飲水機等設備。在備品間的角落或連接的配置關係位置，須必須配置職工專用廁所或單套的盥洗設備。同一樓層的客房在三十間以下時，按照房務人力配置經驗，需配置三人一組之房務員；31 至 40 間須配置四人一組的房務員；41 間至 60 間必須備置三人一組之兩組房務員，同時必須兩處備品間。

備品標準尺寸（Linens Standard）

1.毛毯尺寸（Blanket）

① Single Bed 100×200 使用　152cm×228cm(60″×90″)

② Queen Bed 150×200 使用　　182cm×228cm(72″×90″)

③ King Bed 180×200 使用　　228cm×228cm(90″×90″)

2.床單尺寸（Bed Sheet）

① Single Bed 100×200 使用　182cm×264cm(72″×104″)

② Queen Bed 150×200 使用　228cm×279cm(90″×120″)

③ King Bed 180×200 使用　274cm×228cm(108″×110″)

3.浴室布巾（Towel）

① 浴巾 Bath Towel　55cm×121cm(22″×48″)

重量3.36kg(7.42Lb)/dozen

② 毛巾 Towel　40cm×68cm(16″×27″)

重量1.38kg(3.06Lb)/dozen

③ 手巾 Terry Towel　30cm×30cm(12″×12″)

重量0.26kg(0.58Lb)/dozen

④ 腳布 Foot Towel　50cm×76cm(20″×30″)

重量3.30kg(7.29Lb)/dozen

建議：旅館名稱或標誌的織造，以布巾的兩端為宜，洗滌
時較不易破損。

客務關係的規劃與設施標準

在旅館軟體說明的程序，是從旅館大門入口動線先介紹的是
「客務關係」；但若從硬體規劃程序立場來說，會從「房務關係」
的客房設施說到「客務關係」，因為客房樓層的配置計畫，影響到
建築結構與客房數量，然後才能投影規劃到「客務關係」的主要
樓層和大廳。

客務關係的構成主要因素為：訂房、接待及登記、結帳收銀
與行李服務等前台業務關係為主，在配合其他的客務關係的服務

例如，商務中心、旅行服務、貴重保管、外幣兌換等。基本，客務上是一種「服務的管理」；而房屋是延續客務的「服務的執行」，它是旅館客房部門的表裡不可分割的業務。

在旅館開發的計畫作業中，客房樓層規劃將要定案時，有一些重要的設施，一定要與主要出入樓層及門廳樓層具有相同的功能，例如，客用電梯、服務電梯及主樓梯、安全梯等位置的配置，將因為其動線管制關係而「終身」影響一家旅館以後的營運機能。

主要出入口（Main Entrance）及門廳（Lobby）是一家旅館總動向與導線的關鍵，主出入口及門廳更是每一位旅客一進入旅館最初印象的地方，這是一種無形感覺語言，能使旅客對此旅館的商品價值、定位產生直覺的意象關係。再其次才是旅館員工的接待及服務態度、和旅館的各種設施和設備使用了。日本東京「第一大飯店」（Dai-Ichi Hotel）的社長，當初就是以：「客房的設備只要能達到最低的服務標準就可以了；但門廳的設計一定要最好、最大，達到世界一流水準。」的觀念來規劃他的旅館。

主要出入口（旅客進出使用）的設置，一般旅館的規劃僅設置一處即可，以方便經營管理動線之管制；但配合不同經營功能之組合，例如，商店街、大型宴會廳或多重市場定位的分開與管理，也常因應不同的管理需求來設置第二處旅客出入口。

旅客通常進入大門時，門童或行李員就會依其是否攜帶行李和服裝打扮，職業性的直覺判斷主動趨前問候，協助搬運或攜提行李或指引用餐或開會場所，客務關係的服務就此開始。從住進旅館的接待登記、或住宿中進出旅館的門房管理、或準備遷出旅館的結帳服務等，均為前台（Front Desk）的作業；而客務的後場就是前台辦公室（Front Office）的管理與運作，行李服務（Bell Captain）、話務總機（Telephone Operator）、客務關係櫃台（Guest Relation Counter or Duty Manager）、旅遊服務（Travel Service）、商務中心（Business Center）、貴重保管、外幣兌換

等，都是前台辦公室所管理，所以前台就是「客務關係」的中心，它是旅館對外的服務與形象的窗口。一般旅館的幹部儲備訓練的最後一站，才到前台來訓練，因為受訓者在各部門訓練中，已經了解到整個旅館的業務，可以站在前台除執行接待作業服務外，也可以接受旅客對旅館內各種疑惑的詢問和解答。

下圖為以主出入口、門廳及前台等，各種客務關係的服務動線與其他部門作業關係。

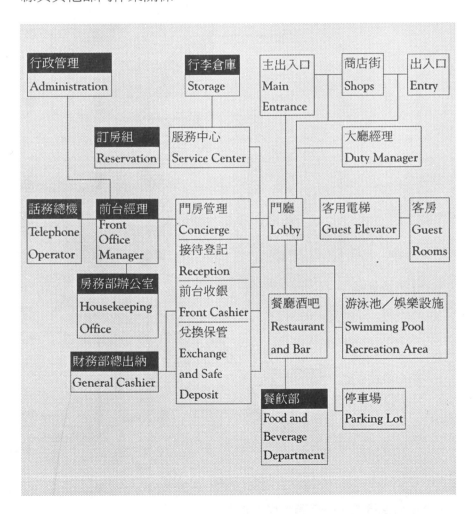

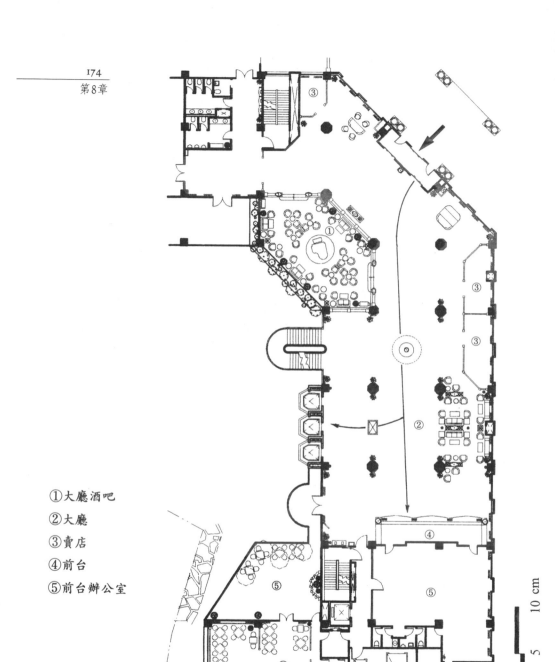

①大廳酒吧
②大廳
③賣店
④前台
⑤前台辦公室

一層平面配置圖——溪頭米堤大飯店

從上列圖表，大致可以了解旅客出入的作業動線流程，而前台（Front Desk）的作業就是流程的總樞紐。一切旅客遷出和遷入之間及住宿狀況資料，均由前台詳細記錄；旅客的詢問、服務要求或郵電服務等也是前台的基本業務。所以門廳及前台接待作業功能，就直接代表一家旅館的客務關係服務及敬業精神的表現。基於此，在旅館建築的規劃設計上，必須了解下列重要客務關係功能設施，作為規劃的重點：

主出入口（Main Entrance）

主出入口是旅館對外最主要的大門，在氣派及實用上都必須講究。於室外與室內之間，必須有一套「氣室」（Air Lock）的空間，以控制室內外的正負艙壓，室內的空調設備通常必須保持室內為正壓，室外為負壓，則可以避免灰塵及蚊蟲飛入室內。餐廳與廚房之間也是同樣有正負艙壓關係。而氣室就是隔離與調整室內外艙壓的設施。因此，通常設置雙重自動門或旋轉門裝置，都有氣室功能，但建議在自動門或旋轉門之兩側必須另外設置180°推射門各一處，以方便機械式門扇保養時，和殘障輪椅與行李推車的進出。

門廳（Main Lobby）

依據交通部觀光局「觀光旅館管理規則」附表二「國際觀光旅館建築及設備標準」貳、設計要點第八項規定：「旅客主要出入口之樓層應設置門廳及會客場所」。

大陸國家旅遊局「旅遊涉外飯店星級標準」項目一：第二項規定：「前廳（Lobby）：有與接待能力相適應的前廳。內裝修美觀、別緻。設有與飯店規模、星級相適應的總服務台（Front Desk）。」三星級標準，四星及五星級僅就裝修風格和氣氛要求升級而已。項目二：設施設備評分表：

2011、前廳面積　　0.8m²／間（客房）或更大……6

0.6m²／間（客房）或更大……4

0.4m²／間（客房）或更大……2

　　門廳是一家旅館內部動線的總樞紐，所以門廳的面積要與旅館規模和市場定位搭配，目前因為台灣的經濟發展已臻新興工業國家（NICS）之林，許多旅館設備標準的法令規定，已經因業者的觀念進步、概念成熟而將一些基本要求放寬，不過關於門廳的標準方面仍可供規劃時作業的參考。（1995年7月以前「觀光旅館業管理規則」規定）

　　門廳、會客室面積：

一○○間以下　　　　　　　　客房間數乘一‧二平方公尺
一○一間至三五○間　　客房間數乘一‧○＋二○平方公尺
三五一間至六○○間　　客房間數乘○‧七＋一二五平方公尺
六○一間以上　　　　　客房間數乘○‧五＋二四五平方公尺

　　通常的狀況來說，主出入口及門廳是代表一家旅館的精神及第一印象，所以在規劃設計時，格局及功能配置的成功，將使後續的裝修設計有良好的揮灑空間和意象的塑造。

前台及前台事務室（Front Desk and Front Office）

　　前台是旅館服務作業的總樞紐，它代表一家旅館實質服務形象的對外窗口，除軟體的營業服務外，硬體基本設施設置的「正確性」是軟體服務功能的基本要素。

　　大多數的旅館前台作業方式，一直受著 30 年代美國 Mr. W.P. Desaussure Jr. 所寫的《旅館前台事務與設備》的影響，經過 60 多年來，雖也酌對旅客的需求和科技的進步，作了適當的調整和新添設備，但其基本作業方式迄今仍然被沿用。基本作業方式就是「聯合櫃台」的作業，以求工作高效率、服務高品質。此種方

式在世界各地均被廣泛的運用，尤其在美國更被發揮得淋漓盡致。

　　但在旅館業歷史悠久的歐洲，除了顧慮到工作效率和服務品質外，在旅館市場定位概念上，藉著早期文明開發的文化背景，在前台作業的服務方式上，有些旅館加入以「人情味」為訴求作法，雖然其基本功能仍如前述圖表關係，但特將其接待、門房及收銀等服務作業重新組合，使其更具人性化和親切感。這種服務方式一般被採用於家庭式或有家庭親和力感覺的中小型精緻旅館（Boutique Hotel），幾乎所有設施的設備配置考量，都以旅客的方便與使用為出發點，而不是僅注重旅館經營管理本身的效率而已。所以前台的功能若能夠全盤了解後，即可配合市場定位的運作而自由調整與拿捏，前台的功能分類及設備說明如下：

接待與登記（Reception and Registration）

　　1.功能：依據訂房組訂房資料，準備當日已經預約之客房和未受預定之客房接待事宜，及旅客遷入時之住宿登記作業的工作場所。

　　2.設備：

　　　① 以一位櫃台員作業空間為基準，接待桌或櫃台其長度至少應大於160cm。

　　　② 當日已經訂房預約等待遷入客房之鑰匙及旅客資料櫃或儲放架。

　　　③ 尚未受預訂之可賣出空房的鑰匙及空白旅客資料櫃或架子。

　　　④ 電腦工作站，依據旅客登記資料輸入電腦，並以連線網路將信息傳至房務管理、餐飲櫃台及前台收銀等工作站。一般作業並不一定設置列表機。

門房管理（Concierge）

1.功能：提供使用中之客房生活服務及管理的工作，例如，
住客進出之鑰匙管理、信息傳送服務、館內各項服務之諮
詢服務、代辦郵電服務等。商務中心的設置是從門房管理
部門的服務擴充而獨立出來的，若商務中心的規模不是很
大，通常合併於門房管理部門來運作即可。

2.設備：

門房管理人員之作業櫃台長度要求，同接待與登記台面
標準。

① 鑰匙箱架（Key Box）：一般均按照樓層數做水平配置，
但如樓層較高則以垂直群來配置鑰匙盒。鑰匙盒的單位

② 大小：W50mm×H50mm×D90mm。其附屬設施例如，客
房號碼、客房狀況指示燈（選配設施）、旅客名條若客
房門使用電腦卡片掃描裝置，則不需設置鑰匙箱架；而
放置與電腦連線之卡片掃描器。

鑰匙投擲盒（Key Drop）：住宿旅客進出丟擲鑰匙交門
房管理時，為方便管理而設置的集中投擲盒，為選擇性

③ 設計的活動式盒子。若客房門使用電腦卡片掃描裝置，
則不需設置。

電腦工作站，依據接待登記輸入之資料執行門房管理，
在電腦軟體上並需加入：旅館館內服務諮詢、失物尋

④ 找、各種旅遊服務訊息、各種交通班次及票價資料、本
地藝文活動訊息等，一般作業並不一定設置列表機。

傳真機（Fac-simile）及影印機（Copy Machine）。

電話總機中繼台（Console）分盤。選擇性設備，配合話

⑤ 務總機的值班安排或夜間管理，在門房管理處設置中繼

⑥ 台由夜間值班人員或夜間總理（Night Auditor）操作管
理。

前台收銀（Front Cashier）

1. 功能：依據旅客接待登記、餐飲消費、其他消費等使用網路資料，為旅客辦理結帳及收銀手續等主要作業。附帶服務：外幣兌換、貴重物品保管服務等。

2. 設備：
   ① 一位前台收銀員的基本工作空間應大於 160cm。
   ② 主要設備為電腦工作站，並配備二部列表機。一部為收據列表機；一部為報表列表機。
   ③ 旅客帳卡箱架，為活動性設施，可配合稽核工作需要方便移動。
   ④ 各種表格紙之存放空間或櫥櫃。
   ⑤ 各種紙鈔及零錢存放之抽屜。
   ⑥ 信用卡刷卡機。
   ⑦ 貴重保管之保險箱（Safe Deposit）。保險箱的設置量應大於客房間數 20%。若保險箱數量少，可以直接設置於櫃台內；若數量多，則需獨立設置一間保險箱室，供旅客可以在一間完全保有私密性的空間，來使用保險箱。保險箱應設有各種不同大小規格，以供存放各種不同大小之貴重物品。

前台事務室（Front Office）

前台事務室必須和前台緊鄰，通常也與客房部辦公室（Room Division Office）合併設置，在經營管理的後場管制上非常方便有效率。但一般旅館專業習慣仍稱為前台事務室或前台辦公室。在事務室內有一些重要的「細胞組織」單位及設施：

1. 客房部經理辦公室（Room division Manager）：為旅館A級主管辦公室，主管客務關係（Guest Relation）與房務管理（Housekeeping）作業。

2.前台經理（Front Office Manager）：為旅館B級主管，主管前台接待、門房管理、服務中心、訂房預約及話務總機等客務關係作業。

3.訂房組（Reservation）：配合市場行銷政策，接受旅行社、社團或個人旅客的預約訂房業務。配置有電腦工作站。

4.事務室（Office）：必須提供客房部秘書工作與前台工作人員休息空間（前台工作人員都是站立服務的），配合客房行銷作業之協調會議空間。

話務總機室（Switch Board Room）

1.功能配置：為旅館對外通訊及內部聯絡的樞紐設備，通常配置必須與前台連接，方便管理和聯繫。若在建築配置規劃時，不方便與前台水平連接時，也可以考慮與前台事務室做上下垂直關係的配置。

2.設備：電子數位式交換機（有些地區仍使用縱橫式交換機）、外線配線架、中繼台、電池室（必須設置對外排氣口）、電腦工作站、火災警報受信總機，緊急廣播設備及背景音樂播放頻道、館內有線電視節目播放系統設備等，均設置於話務總機室，方便24小時監視與播放服務。

服務中心（Service Center）

服務中心的稱呼和運用，是最近十年來的旅館運作配合國際性觀念使用的改變，它是以原來的行李服務櫃台（Bell Captain Station）加上其他多方位的功能發展出來的。除原來的行李管理、接送服務外，館內車輛使用調度、館外定時班車預約登記、報紙分發兼配合和協助門房管理的詢問等工作。

設備：電腦工作站一處。

服務中心必須配置一處行李房或是行李倉庫（Baggage

Storage），以配合旅客行李的寄存和保管，而且行李管理工作本身需要一些推車或行李車的放置空間。行李房或倉庫通常配置於旅館大門或主出入口近旁，以利行李的進出與保管，必要時需設置二處開門，一處對內管理；一處對外連通方便寄存行李進出。

大廳經理（Duty Manager）

也有人稱「值班經理」，主要為代表旅館處理客務公共關係，後來因為實際工作量不多，又配合客務擴大業務需要加入：團體客房遷入報到、旅遊資訊、餐飲訂席等服務。通常配合服務中心，設置於門廳的各一邊，方便佈置與視線管理。

設備：電腦工作站一處。

氣送機收發站（Pneumatic Tube Station or Air Shooter Station）

在電腦尚未普及前，幾乎所有旅館都設置氣送機站系統設備，來傳送各種傳票、報表或表格等文書資料，以提高經營管理的工作效率。目前電腦網路連線作業方便，而且處理能力又強，所以已經被旅館業者淘汰。但仍有一些小型的私密性旅館（Lover Hotel），為保持與客人之間的隱私關係，在客房內裝置氣送機站，於客人使用房間完畢以電視作為終端顯示器（Monitor）顯示帳單後，請旅客使用氣送管（Tube）將現鈔送達前台收銀後，才將房門以搖控器開啟後，讓旅客與櫃台互不照面的離去。

公共主梯及電扶梯（Main Staircase and Escalator）

在門廳空間中，既然它是旅館的動線總樞紐，那麼在垂直動線使用設施上，除了依據建築法規的安全梯及昇降機電梯外，配合低樓層的公共場所，例如，商店街、餐廳、美食街、宴會廳、會議廳等使用時間的尖峰、離峰狀況，必須設置公共主梯或電扶

梯，以避免在動線上與客房住宿的旅客動線及使用時間，產生交叉和衝突。

設施規格建議：

1. 公共主梯：雙折梯或直行梯，其淨寬應大於 150cm；踏步深度 28cm～40cm；踏步高度15cm～18cm。圓形梯，淨寬應大於 180cm，外弧半徑應大於 5.0m。

2. 電扶梯：若採用上下各一部時，其淨寬應大於 99cm；若僅採用一部電扶梯單向上樓行走，配合主梯徒步下樓時，其淨寬應大於 120cm。

3. 電梯：因應高層的公共場所，例如，頂樓餐廳、宴會廳或酒吧時，一定要設置高層專用電梯，以避免與客房樓層旅客產生干擾，且散場時疏散容易。若設置直達電梯時，可考慮採用透明觀光電梯。

第 9 章

餐飲部門空間規劃與設備標準

旅館餐飲部門的收入為旅館最主要收入之一，因應旅館的定位和經營形態，其部門收入佔旅館總收入的 35% 至 65%，與客房部門的收入並列為旅館兩大收入。在都會區的商務旅館，旅館的餐飲經營除市場行銷政策配合整體運作外，其主要的收入並不受到客房住房率高低帶動的影響；反而以旅館為主要形象行銷，和市場定位關係，獨立打出形象品牌，與同一地區的餐廳產生競爭而得到的成就。而休閒渡假區的旅館經營，其餐飲部門則因地點關係，必須配合客房的使用來經營，所以住房率高低直接影響餐飲收入。

旅館餐飲的經營，屬於多處場所集合經營模式，與外面的獨立餐廳或酒吧的經營管理成本比較，收入方面有旅館整體的造勢和客房住客的使用，與集合採購和倉儲管理降低管理成本，且在人力的調度及訓練方面有良好的體制，而對外行銷時又可表現各個餐廳的自己特色，所以能了解這種關係則已經掌握餐飲規劃的初步概念了。

餐飲部門的構成，基本上分為：餐廳（Restaurant）、廚房（Kitchen）、酒吧（Bar）與餐務管理（Steward）等四大部份。餐廳顧名思義是以良好的氣氛環境，供應各式口味食物服務為主，飲料服務為輔的場所，完全屬於前場服務作業。廚房必須緊連接餐廳，以各種生鮮材料依據客人喜好的口味，烹飪或冷食加工等，提供餐廳滿足客人食慾，為後場工作場所。酒吧是旅館酒類和飲料的管理單位，有專設的前場，提供酒類和飲料的服務；也有配合餐廳或廚房的後場，設置服務酒吧（Service Bar），提供餐廳或筵席酒類或飲料的服務。餐務管理是餐飲部門各式餐具管理與清潔的單位，包括：廚房洗碗、餐具盤點、銀器管理、處理廚房（Wet Kitchen）的整理等，完全是後場作業。其他例如，宴會廳或會議室，為多功能使用空間，歸屬餐飲部管理，配合筵席會會議的使用，機動調度人員服務。

　　在餐飲作業上，本身有一個獨立的流程系統，在這個系統中，又分為三個前後場階段的小循環流程，就是：(1)前場的客人進入餐廳接待、入座、點菜、用餐、結帳離去等動作循環流程；(2)後場的領料、整理加工、接受訂單、冷熱料理、走菜及飲料等動作流程；(3)結合前場客人用餐動線及後場料理作業動線之間的服務員貫穿前後場服務的動線。而旅館餐飲營業的前場（Out Let）不祇一處，除了與餐廳連接的廚房後場料理作業外，餐飲部又有一股強大的後場支援作業，例如，行政主廚辦公室（Executive Chef's Office）、生鮮處理廚房（Wet Kitchen）、麵包房（Bakeryshop）、乾貨倉庫（Grocery Storage）、酒類倉庫（Wine Storage）、銀器倉庫（Silverware Storage）等細胞部門，來提供支援作業。

　　餐飲部門前後場作業流程圖如下：

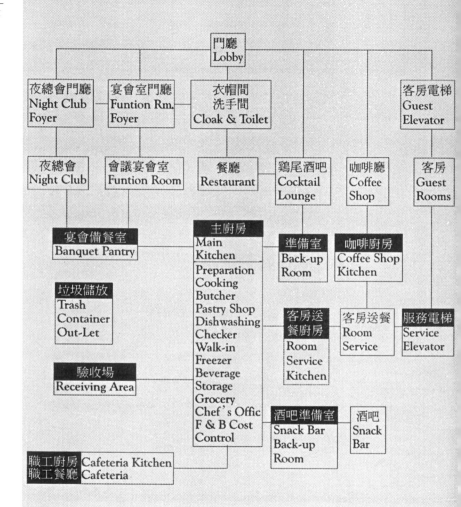

餐飲部門前後場作業流程圖

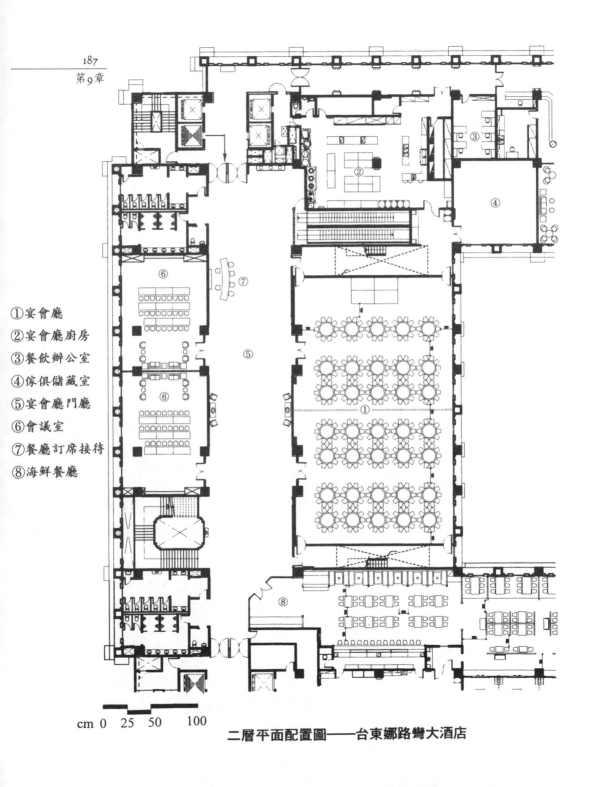

①宴會廳
②宴會廳廚房
③餐飲辦公室
④傢俱儲藏室
⑤宴會廳門廳
⑥會議室
⑦餐廳訂席接待
⑧海鮮餐廳

cm 0 25 50 100

二層平面配置圖——台東娜路彎大酒店

依據交通部觀光局「觀光旅館管理規則」附表二：國際觀光旅館建築及設備標準規定，貳、設計要點第九項規定：「應附設餐廳、會議廳（室）、酒吧，並酌設附表三所列之其他設備（註：理髮室、美容室、三溫暖、健身房、室內遊樂設施、洗衣間、旅行服務、外幣兌換、貴重品保管櫃、郵電服務、商店、酒吧間、游泳池、網球場、高爾夫球練習場、衛星節目收視設備、射箭場、夜總會、宴會廳、其他）。其餐廳之合計面積不得小於客房數乘一‧五平方公尺。」，第十項規定：「廚房之淨面積不得小於下列規定：

供餐飲場所淨面積	廚房（包括備餐室）淨面積
一五○○平方公尺以下	至少為供餐飲場所淨面積之 33%
一五○一至二○○○平方公尺	至少為供餐飲場所淨面積之 28%加七五平方公尺
二○○一至二五○○平方公尺	至少為供餐飲場所淨面積之 23%加一七五平方公尺
二五○一平方公尺以上	至少為供餐飲場所淨面積之 21%加二二五平方公尺

大陸國家旅遊局頒佈的「旅遊涉外飯店星級標準」（項目一），規定飯店建築物、設備設施和服務項目必備條件中，對餐飲場所設備設施的規定：

「三星」四、餐廳：有與客房接待能力相適應的中餐廳、西餐廳，咖啡廳和宴會廳（或多功能廳兼用的宴會廳）。

五、酒吧：有正式酒吧。

六、廚房設備：

1.牆面滿鋪瓷磚，應用防滑材料滿鋪地面。

2.冷菜間與熱菜間分開，並有充足的冷庫。洗碗間位

置合理。廚房內不應堆放垃圾。廚房溫度應適宜，有充足的排風措施。廚房與餐廳之間，有起隔音、隔熱和隔氣味作用的進出分開的彈簧門。

「四星」四、餐廳：有與客房接待能力相適應的佈局合理、裝飾高級的中餐廳、西餐廳，咖啡廳、大宴會廳。

五、酒吧：有佈局合理、裝飾高雅，具有特色的酒吧。

六、廚房設備：

1.牆面滿鋪瓷磚，應用防滑材料滿鋪地面。

2.冷菜間與熱菜間分開，並有充足的冷庫。洗碗間位置合理。廚房內不應堆放垃圾。廚房溫度應適宜，有充足的排風措施。廚房與餐廳之間有起隔音、隔熱和隔氣味作用的進出分開的彈簧門。

「五星」四、餐廳：有與客房接待能力相適應的佈局合理、裝飾獨具風格的中餐廳、西餐廳，咖啡廳、大宴會廳。

五、酒吧：有佈局合理、裝飾高雅，具有特色的酒吧。

六、廚房設備：

1.牆面滿鋪瓷磚，應用防滑材料滿鋪地面。

2.冷菜間與熱菜間分開，並有充足的冷庫。洗碗間位置合理。廚房內不應堆放垃圾。廚房溫度應適宜，有充足的排風措施。廚房與餐廳之間有起隔音、隔熱和隔氣味作用的進出分開的彈簧門。

　　而按照餐飲經營管理的實務經驗，一家旅館中，通常會有一處以上的供餐場所，包括：咖啡廳、主餐廳及酒吧。配合旅館經營的市場定位，可能會有更多的餐飲設施，例如，宴會廳、會議廳或夜總會等。在同一家旅館中有這麼多餐飲場所（Out Let），如何在空間規劃上將整個前後場動線關係串聯起來，並且配合旅館開發最初設定的概念和定位，讓每一處供餐飲場所又各具特

色，相互營業中相輔相成而不相衝突，這就是規劃觀念中In-Side Out運用的延長，也就是從軟體概念入手，再從軟體發展到硬體需求，則空間關係就可以清晰的釐清，很快的就可以安排出相關的配置。餐飲部門作業流程圖的說明，可以提供較為具體的參考和幫助。

各種形態前場演出方式和設備標準

　　旅館餐飲場所的方式千奇百態、不一而足，在餐飲的行銷概念中，它所賣的商品不只是美食和美味，它還提供具有特色的裝修氣氛，和視覺享受；同時配合客人用餐前、用餐中及用餐後各種不同時段，和各種時段的餐飲服務，提供優美的背景音樂，所以音樂成本在餐飲管理上是佔有重要地位的。當然，最重要的就是廚師高超的烹飪技術和餐盤的佈置，色香味俱全的演出，再加上服務人員的殷勤親切的桌邊服務，使客人享用一頓滿意的饗宴，如同欣賞一齣完美的戲劇演出一樣。這就是多彩多姿的餐飲事業了。現在就各種「戲碼」的演出方式，作一概括性的介紹：

簡餐類（Light Food）

咖啡廳（Coffee Shop）

　　這是美國式的稱呼法，配合二次世界大戰後，強勢的美式文化和經濟勢力，而傳遍全球，長時間的使用以來，大家都能接受這種稱呼，也知道咖啡廳所賣的商品。但因為太通俗化了，所以一些旅館的供應簡餐場所要在市場上作一些商品區隔，和加入一些自己品牌的「原創性」，紛紛又找出歐洲式的用法和食物料理的其他地方風味，因此例如，Café、Cafeteria、Coffee House、Bakery Shop、La Brasserie等不一而足。

　　基本上，咖啡廳是一天中營業時間最長，供應最方便和最大眾化的簡單飲食服務。飲料和食物的供應比例約各佔五十，一般營業時間自上午七時至晚上十二時，甚至因應地方生活習慣營業時間更長的都有。在這麼長的營業時間中，爲服務旅客方便，一般都不嚴格分隔用餐及非用餐時間，但在經營習慣上也大致分爲：

0700-0900　早餐時間（渡假旅館或渡假區：0700-1000）

0900-1130　早茶時間（以飲料爲主）

1130-1430　午餐時間（以套餐或自助餐爲主）

1430-1730　下午茶（以各種飲料、輕熱食、水果、西點爲主）

1730-2100　晚餐時間（以點菜爲主）

2100-2400　宵夜時間（以輕食、飲料及酒類爲主）

自助式餐廳（Buffet）

　　一般自助式餐廳又分爲：美式與歐式兩種。美式自助餐是將各種冷熱菜餚放置於大型盛器中，按冷盤、熱食、湯、麵包、飲料及水果順序排列佈置，由客人自取餐盤或湯碗自行取食，按固定消費收費可多次取用。

　　歐式自助餐的排列順序大致相同，但取菜台上放置的食物或飲料，則均以合適的容器盛裝，客人以大型托盤選取食物隨即結帳，若再取食當另行結帳。

　　自助式餐飲服務，可節省點菜時間，非常方便不會點菜直接看菜取食或趕時間的客人，對於餐廳的後場進貨，也可由經營者主動依據菜色來設定，損耗浪費較少，可降低成本。

　　其營業時間通常都以供應三餐服務爲主，最多僅再增加下午茶時間，利用同一空間提供不同的產品服務，增加場地的利用和收入。

大陸式餐廳（Continental Restaurant）

　　爲歐洲大陸式的小餐廳，它的營業內容介於咖啡廳和正式餐

廳之間，設施較爲平實有家庭式佈置氣氛，菜單的設計也以輕食或家常菜爲主，再配以當地特色的酒類或飲料，是歐洲大陸各地常見的餐廳。La Brasserie 即屬於此類的經營型態餐廳，在餐廳入口或一個角落設置一小型酒吧，來提供餐廳的各種酒類和飲料服務。

麵包坊（Bakery Shop）

麵包是歐洲人民生活的主要食品，所以麵包店非常普遍，烘焙技術也非常精良，每家店都有其特色，較爲有名的店又漸漸成爲地方民衆經常光顧的場所，所以除了麵包的購買以外，也供應一些與食物有關的佐料或乳品和飲料，偶而也是民衆喜歡在相遇的情況下，喝杯咖啡、吃點小點心閒話家常。近年來就有許多輕食供應服務的小餐廳，即以這種「麵包坊」的氣氛模式來經營，也造成市場區隔的效果。

餐廳（Restaurant）

是指一般可以提供正式午餐和晚餐的正式餐廳。正式餐廳的規模比簡式餐廳大，菜單內容的配菜、料理較爲豐富，上菜程序較嚴謹和正式。例如，飯前酒或飲料、前菜（開胃菜）、飯中酒、湯和麵包、冷食或沙拉、主菜、甜點或水果、咖啡或茶等飲料，一系列的餐飲料理和上菜、收盤等親切細緻的服務，使人感到飲食的享用和尊嚴，那就是一種生活享受。當然在餐飲計畫（Menu Planning）時，無論單點或套餐、中式或西式，也許當中會精簡一些，但都必須具有上述的菜色與流程順序。

通常配合旅館的餐飲經營，隨著社會經濟的進步和國際交流，西式飲食被列爲是世界通用的習慣，所以爲旅館必備的餐廳。這裡所指的西餐廳不同於咖啡廳、而是指正式的西餐廳。西餐廳所提供的菜色，一般爲綜合歐洲各地的主流的世界流行菜單爲主，所以通常都會被市場所接受；但也有一些強調地方特色風

味的，例如，義大利菜、法國菜、西班牙菜、德國菜或俄國口味，有的是強調地方菜色做市場區隔、有的是配合正式餐廳的經營做季節性的促銷或推廣的業務。

中國菜在台、港、星等地區，已因生活水準提昇，逐漸國際化的習慣，地方風味特色逐漸平淡，而綜合各地菜的佳餚，綜合國際口味的中國菜漸漸被認同，這就是俗稱的「中華料理」。地方性的中國菜例如，粵菜、潮洲菜、湘菜、川菜、江浙菜、寧波菜、北京菜……等，因中國地大物博、風情各異，在中國大陸地區的口味區隔仍然很大；但在台灣地區的大陸地方風味菜餚，已經被綜合和同化了。

一般正式餐飲餐廳的配當，均與地域關係和生活習慣有絕對的關聯，例如，台灣地區的旅館正式餐廳以咖啡廳、中餐廳和西餐廳為主，或因商品區隔或空間利用關係，增設地方風味餐廳，例如，義大利餐廳、法國餐廳、日本料理、海鮮料理等。日本地區的旅館，除咖啡廳、西餐廳以外，各種地方性日式割烹料理、壽司、田舍料理、海鮮料理等為主，中華料理在較為高級或大規模的旅館仍為必備的。東南亞地區的旅館除基本的咖啡廳及西餐廳以外，地方風味的菜餚幾乎參雜於西式餐廳的菜單中，很少自立門戶獨立設一地方風味餐廳的。中華料理餐廳普遍也在東南亞旅館中設立。

在各式餐廳的前場設備，基本上它所販賣的不祇是佳餚美酒，而是販賣一種飲食文化和氣氛，這個概念非常重要。一切餐飲設施的訂定就是從這裡開始，在此也順便將餐飲計畫的設定程序作一說明：

1.市場定位及經營概念（Marketing Plan & Concept）

2.產品規劃（Product Plan）

　①硬體

　　■裝修及設施設計（Interior Design）

　　　■生財設備（F. F. & E.）
　　　■小生財器具（S. O. E.）
　　　■器皿及布巾（Chinaware, Glassware, Silverware
　　　　& Linen）
　　　■圖畫及擺飾（Art Work）

　②軟體
　　　■經營管理計畫（Management）
　　　■菜單計畫（Menu Planning）
　　　■員工招募及訓練（Rank & File, Training）

　③客層
　　　■氣氛（Ambiance）
　　　■服務（Service）

3.形象塑造（Image）

　①公共關係（Public Relation）
　②廣告（Advertising）
　③推廣及行銷（Promotion & Sales）

4.預算（Budget）
5.實現（Realization）
6.營運（Operation）

酒吧（Bar）

　　旅館的酒吧有兩種含義，廣義的是指所有關於酒類及各式飲料的經營與管理，都屬於「酒吧」掌管的職責範圍內業務；狹義的是指配合餐廳或獨立經營的前場（Out-Let）之一，以吧台（Soda Fountain）設備為專門提供酒類及飲料服務的地方。

　　在行政管理體系上，酒吧部門與餐廳、廚房、宴會、餐務等一樣重要，是平行單位，它所掌管的業務，包括：部門業務計

畫、酒單規劃、飲料單規劃、進貨計畫、部門工作計畫、人員專業訓練、營業管理、空瓶管理等。

配屬於餐廳或獨立酒吧的作業區，都屬「酒吧」部門管理範圍，例如，廚房與餐廳出菜（走菜）的備餐室（Pantry）邊，必須設置服務酒吧（Service Bar）為掌管該餐廳的酒類和各式飲料的供應服務（餐廳的食物傳票與飲料傳票室分開的）或是配合餐廳的規劃，在餐廳的某一角落設置「酒吧台」（Soda Fountain）專門提供酒類及飲料服務。因生活習慣逐漸國際化，中式餐廳通常也提供西式酒吧服務，但因規模較小，通常也可以採用「酒車」（Wagon）來提供服務，當然「酒車」是屬於酒吧所掌管的。

餐飲前場設施標準

餐飲前場包括前面介紹的各種餐飲服務場所：咖啡廳、餐廳及酒吧等。而設施是指因為營業所必須的各種設施和設備，及其一般使用經驗和標準的建議。

門禁管制

所有旅館的餐飲場所均有其獨立的管制門戶，以方便財產和成本管理，配合後場的成本控制，做出部門的成本及利益。若咖啡廳或簡易酒吧台無可設定門禁，則仍須有簡單活動式欄杆或隔離措施，以方便區別營業時間或休息時間。

後場廚房、倉庫和備餐室，也都必須設置門禁，由廚房主管掌管。

衣帽間（Cloak Room）

正式餐廳及宴會廳附近，必須設置衣帽間，以方便旅客寄存衣帽或寄物服務之用。衣帽間也是客務關係（Guest Relation）單位重要的窗口之一。

電氣控制

旅館餐廳內及廚房的電氣控制分盤（Branch Panel）應各別分

開設置。一般餐廳電氣以照明爲主，必要時設有調光設備（Dimmer），以營造餐廳氣氛。廚房電氣以動力爲主，照明爲輔，主要是配合廚房中各種廚房設備的使用，例如：冷凍冷藏庫、攪拌機、冷藏工作台、排油煙機及各種動力用電設備。前後場均必須接不斷電設備（U. P. S.），以防停電時對避難照明及動力設備之緊急供電設施。

空調設備

旅館內各餐廳、宴會廳和廚房等前後場，應設置可以獨立控制的空調設備，配合使用或作業準備時間自由控制。

在室內空間的「艙壓」設計上，應注意到空間之間的正負壓之關係。

走廊〈負壓〉⇆餐廳〈正壓〉⇆廚房〈負壓〉，以防止走廊或室外之灰塵或蚊蟲飛入餐廳；也可防止廚房的氣味與雜音跑進餐廳。

廚房應設空調設備，配合「艙壓」觀念及排煙設備的排氣，廚房的新鮮空氣補給是必須整體通盤計算的。廚房一般通風換氣以每小時十次來計算。一般中式炒灶需 350～500FM/1′～0″，2200 FCM 風速排氣量。蒸氣爐部份需 1800 FCM 風速排氣量。綜合爐頭排氣概算≧2000FCM。

背景音樂（BGM：Back Ground Music）

旅館中各餐飲和宴會場所，應設置其獨立的背景音樂播音設備，以配合營造用餐氣氛和效果。會議及宴會場所，更應設置多功能音響設備，配合燈光整體控制，提供各種形式會議、酒會、演講、表演、用餐等不同功能的使用。

隔間材料

餐廳及宴會廳應需完全使用防火時效一小時以上之隔間裝修材料。尤其是會議或宴會場所之活動隔間，應採用金屬製品，以確切達到隔音、防火和容易拆卸及裝置操作的效果。

資訊線路出線口

在旅館的會議和宴會場所，常有多功能使用，應預留電話和網際網路（Internet）的接線出線口，以方便各種不同場合的運用。

酒吧設備

一般旅館的前場營業的酒吧，除在酒吧間的吧台以外，還有後場的準備室和小倉庫。

1. 吧台（Bar Counter or Soda Fountain）：美式吧台通常除內側的操作服務功能外，吧台外側設置高凳吧椅，提供顧客一面喝酒，一面相互聊天或與調酒員（Bartender）閒聊，目前許多PUB即類似這種感覺，氣氛較為熱鬧。歐式的吧台是純粹做調酒或工作的地方，無高凳吧椅設置，而喝酒的顧客則在舒適的類似家庭式空間的座椅中，閒話家常或品嚐美酒，空間環境較為安靜。

   基本設施如下：

   ① 工作台（冷藏工作台或三明治工作台）
   ② 水槽（雙水槽）
   ③ 儲冰筒（後場有製冰機）
   ④ 冰水供應站
   ⑤ 蘇打水供應站（酌設）
   ⑥ 生啤酒供應站（酌設）
   ⑦ 酒櫥或酒櫃（附鎖）
   ⑧ 酒杯櫥架（杯架裝置於吧台上方；杯櫥配置於後方，營業前準備時將各式杯子置於吧台工作台上）
   ⑨ 收銀機（應與酒吧工作站有間隔分離或隔牆分離）

2. 後場設置：（可獨立管制空間）

   ① 冷藏冰箱（Reach-in Refrigerator）

②製冰機

③置物棚架

④工作台及水槽

餐廳生財設備

餐廳生財設備是指前場餐飲服務所需之各種家具的器具設備，及其標準。

1.中式餐廳家具（以桌面為準）

①宴會用12人用　◇210cm（標準）

◇180cm（小型）

10人用　◇180cm（標準）

◇150cm（小型）

②主餐廳10人用　◇150cm

8人用　◇135cm

4～8人用　90×90cm⇒◇125cm

2.咖啡廳家具

①2人用　60×60cm（飲料用）

60×80cm（用餐用）

②4人用　80×80cm

120×80cm

◇90cm（圓桌）

③5人以上由上述台面組合

3.西式宴會

①4人用　　　　　◇120cm（圓桌）

②6人用　　　　75×180cm（長方桌）

③6～8人用　　　◇150cm（圓桌）

④ 10～12人用　　　　　○180cm（圓桌）

⑤ 組合用半圓桌　　　　○150cm or ○180cm（酒會用）

4.客房餐飲服務（Room Service）

①可褶合式附輪餐桌○80cm or ○100cm

②可在客房家具設計時，考慮可兼客房餐飲服務使用的家具，則在從事客房送餐服務時，僅需準備一般工作推車即可。

後場生產管理設施規劃及設備標準

　　旅館的餐飲和宴會前場經營，是旅館營業中最精彩的一部份，在光鮮亮麗的前場輝映下，後場的作業仍然非常可觀，前場餐廳或宴會所陳列展現色香味俱全的美食，就是在後場精緻管理與精彩製作的美食家所貢獻的。廚房的烹飪或料理作業，是一種完全手工的藝術，也是一種創意，使前場餐廳的顧客在一個氣氛高雅的場所，優美的背景音樂，舒適的坐下來享用廚師的手藝，眞是人生的最高享受。而廚房空間正是「藝術家」的工作室，空間的規劃、設備的配置和合理的動線，對於創作的需求是很重要的。

餐飲後場的生產及管理流程

　　在後場的管理系統（Control System）作業，從採購、驗收、入庫、領料、準備、服務、現金收入的系統中，可以說是相當完整。採購、驗收是行政部門依據餐飲部的作業計畫，提供採購需求執行的工作，餐飲部門的作業從領料、準備（含準備、加工、出品）、服務（前場服務）到顧客滿意結帳，則「成本＋服務＝售價」變成現金收入，及完成工作流程手續。

　　前場餐廳本身就是一個循環，這個循環以顧客的動線為中心，從顧客進門、領班帶位（Captain Station）、落座，領班提供菜單介紹本店特色或由顧客自行點菜，製作傳票（Order）等前半段作業完成。中段為上菜、用餐、撤盤整理等，由服務員提供服務；用餐完畢後，顧客要結帳時由領班協助，收銀台算帳完成銀貨兩訖，則顧客滿意離開則完成後段動作，這就是前場動線循環。

　　後場（廚房）接到傳票後，廚師按照傳票領料、配菜、作菜、出菜；酒吧（服務酒吧 Service Bar）也依據傳票提供酒類及飲料服務，他們的工作動線僅僅限於廚房內部作業動作，不能超過廚房界限，這就是後場循環動線。有的廚房主廚會於餐後至前場領敎客人對菜色的批評和讚賞。

　　而串聯前後場這兩個循環的就是服務員。服務員有他的作業循環動線，就是從領班處拿到顧客的點菜傳票，送至廚房和酒吧（有些餐廳開始使用前後場電腦網路，於前場櫃台輸入傳票時，廚房和酒吧同時顯示傳票或輸出傳票）。當後場依順序完成食物和飲料時，由服務員進入廚房「走菜」，到顧客桌邊上菜。料理陸續完成，服務員陸續上菜，在上菜的同時將顧客用完的殘菜和空盤撤走收回廚房洗碗機的殘餚工作台，由餐務部門清潔人員處理，同時在出菜台上取菜送出服務，這就是服務員的循環動線，他貫穿前後場，使後場最佳產品能夠滿足顧客的美食需求，和表現廚房高超的廚藝提供最好的展現。

　　餐飲前、後場服務及生產流程圖說明如下：

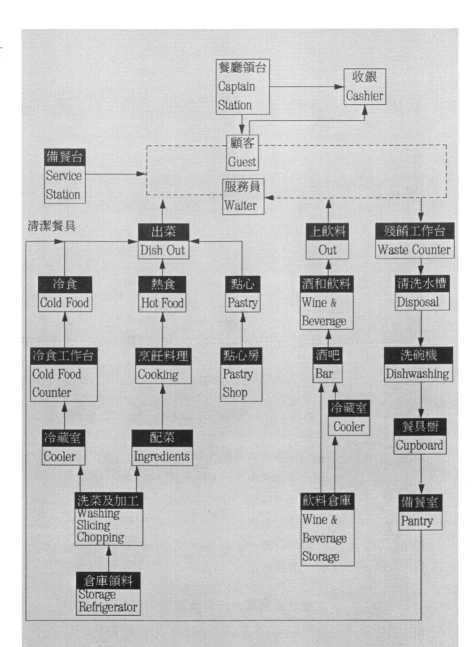

餐飲前、後場服務及生產流程圖

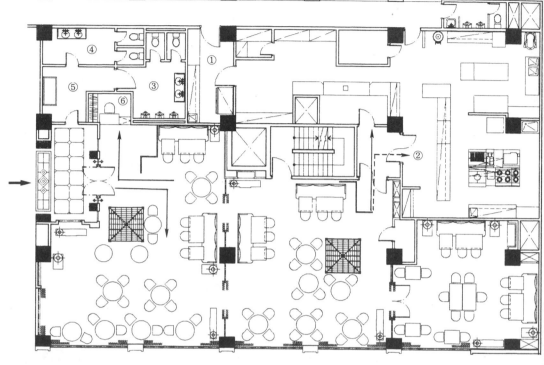

0 1 2 4 cm

①客房送餐服務廚房

②法式廚房

③男廁所

④女廁所

⑤公用電話

⑥收銀台

——→客人動線

－－－→服務人員動線

二層法國餐廳——台北老爺大酒店

餐飲後場功能與設備標準

　　配合前場部門的運作，後場的設備及設施也依據部門來分述說明：

廚房（Kitchen）

　　廚房是餐廳食物服務的「工廠」，無論中西式或地方式的食物料理加工，其作業流程都與上述圖表原則相同，只是在某些工具設備及加工方法上不同而已。按照廚房生產流程，大致可以將工作區分為：倉庫區、整理區、加工區、冷食調理區、熱食調理區及洗碗區等六個區分：

1. 倉庫區：包括乾貨倉庫、冷凍庫及冷藏庫，這些設施是將從財務部倉儲部門中央庫房提領的材料儲放的處所。

2. 整理區：就是將今天使用的生鮮材料清洗、切割、處理的場所。中國式傳統稱呼為「打雜」區。魚肉處理的水槽和三連式水槽工作台是本區的重要設備。

3. 加工區：依據菜單的規劃需求或特別的訂餐要求，將各種生鮮材料按所需之規格加工，和各種佐料的準備工作。工作台、砧板和冷凍、冷藏冰箱（加工後材料的儲放）是本區的主要設備。

4. 冷食調理區：所有冷食配菜、調理、盛菜等都在本區執行。冷藏工作台（大理石台面，台面下設有冷盤管可使台面保持4℃～10℃的功效，以利冷盤作菜作業）、冷藏冰箱或冷藏庫、是本區主要設備。

5. 熱食調理區：將加工區所準備的材料，依據訂單以配菜盤配菜，廚師在按照配菜上爐灶烹飪，或煎煮炒炸等調理過程，在以上菜用的盤子裝盛整理後，由主廚核對或淋上各種配菜汁（Dressing），即可上菜：

　　①中式廚房以中式爐或快速爐、湯爐、蒸籠台、烤箱為主要設備。而中式爐頭的排列和構造，因地方料理廚師掌

理習慣不同而有所差異,近年來各種美食心得交流頻繁,經過整合後基本上可歸納成以下三種參考形式:(1)江浙式爐頭排列;(2)川湘式爐頭排列;(3)廣東式爐頭排列:

A.江浙式爐頭排列

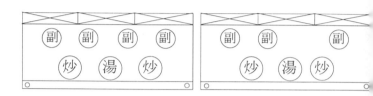

B.川湘式爐頭排列　　　　　C.廣東式爐頭排列

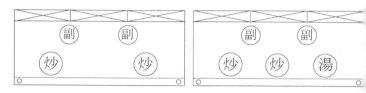

② 西式廚房熱食區的主要設備:多孔爐（Open Top二孔、四孔、六孔）、湯爐（Hot Top）、煎板（Fry Top）、烤架（Grill）、油炸鍋（Fryer）、明火烤架（Salamander 裝置於多孔爐或湯爐上方）、烤箱（Oven 裝置於多孔爐或煎板下方）、對流烤箱（Convection Oven）。

③ 排油煙罩設備:為目前兼顧環保和廚房清潔最重要的設備。一般市面上有兩種處理設施:

- 使用中水洗設備:就是在排油煙罩中裝設水幕（Air Washer）,於調理使用時,利用油煙迂迴通過煙罩之水幕,將油煙中的油脂和塵粒沖洗過濾排出。
- 使用後沖洗設備:將熱食調理作業中,所發生的油脂及熱氣在高速吸收排出過程中,在排油煙罩內部設計

急速轉折的煙路，利用油脂和較大的塵粒比空氣重的效果，於排出過程產生離心分離而附著煙罩的煙道內，在調理作業完成後將煙罩進氣口關閉，在煙罩內以強力自動噴嘴水幕，洗淨油脂和塵粒。

廚房相關設施

1. 所有廚房電氣設備均須設置「接地裝置」（Earth），防止漏電危險。
2. 重型機器設備之接線盒必須直接連接，不可以插座連接。
3. 廚房蒸氣設備之蒸氣輸送管前端，必須裝置減壓控制閥和自動控溫器；末端應有安全幷閥或蒸氣回收裝置。
4. 湯汁保溫槽（Bain-Marie）和保溫工作台，可接用蒸氣管。
5. 排煙管的清潔維護，可接用蒸氣噴洗。
6. 廚房排水管盡可能於施工時按設計規格放大一至二級，以耐結垢疲乏，可長期暢通使用。
7. 廚房排水管排放前必須經過油脂截油器（Grease Trap）處理後排入污水管。
8. 廚房應設置工作人員專用盥洗室（含廁所及淋浴間）。
9. 冷凍庫及冷藏庫設備標準：

   ① 設備關係：
   - 內牆為不鏽鋼板或耐腐蝕、耐撞擊之材料施作。
   - 置物棚架（Rack）為不鏽鋼製品。
   - 庫門外開附鎖，若庫內有人意外被關閉時，可由內側緊急推把將門打開。庫內並設有緊急電鈴裝置。
   - 冷凍庫及冷藏庫必須為獨立電源，並接有緊急供電設備。
   - 倉庫內有照明設備。

② 控制關係：食品及飲料的溫度控制

- 糖類庫房（Candy Storage）　15℃～21℃（60°～70℉）
　乳酪、奶油（for Service）　10℃～15℃（50°～60℉）
　冰水（for Drink）　4℃～7℃（40°～45℉）
　飲料、乳品、啤酒　3℃～4℃（38°～40℉）
　鮮花　2℃～4℃（35°～40℉）
- 冷藏庫房：
　肉類、蔬菜、水果、蛋等　1℃～2℃（34°～36℉）
　冷盤保溫（Ice Bain-Marie）　0℃（32℉）
　鮮魚、海鮮　-4℃～1℃（25°～34℉）
- 冰淇淋（庫存）：
　混合、久存的　1℃（34℉）
　硬質的　-26℃以下（-15℉以下）
　儲存　-18℃（0℉）
- 服務供應用冰淇淋：
　滲香料的（Flavors）　-14℃～13℃（6°～8℉）
　滲水果、蛋、乳品的（Sherbets）
　　　　　-12℃～9℃（10°～15℉）
- 冰冷食品：
　冷藏儲存　-18℃（0℉）
　冷凍儲存　-23℃～-32℃（-10°～-25℉）
- 葡萄酒（Wine）類：
　白酒　4℃～13℃（40°～55℉）
　紅酒　20℃～22℃（68°～72℉）
　玫瑰酒（Rose）　4℃～18℃（40°～65℉）

10.廚房設備之冷凍冷藏設施，包括冷凍冷藏庫（Walk-In
Freezer and Refrigerator）、冷凍冷藏冰箱（Reach-In
Freezer and Refrigerator）和各種冷藏工作台等，其冷凍機

器儘量使用「水冷式」冷卻水塔散熱設備，庫內爲無霜式冷凍冷藏裝置，則可以高效率及長壽命使用設備。

備餐室和工作站（Pantry and Service Station）

備餐室是餐廳服務人員的準備工作室，其配置位置正介於餐廳與廚房之間，這是一種非常重要的安排。備餐室通常的配置設備有：

1. 茶水供應站：中式的茶水和西式的冰水、咖啡、熱茶等都由這裡供應。

2. 製冰機：提供服務酒吧（Service Bar 鄰接備餐室）的飲料冰塊服務。

3. 餐具櫥櫃：提供各種杯盤碗筷或刀叉湯匙等餐具服務。

4. 佐料服務：各種配合用餐的醬油、醋、胡椒、鹽等佐料，都在這工作台補給、準備和供應。

5. 中繼服務：廚房調理完成的佳餚出菜，但顧客前一道菜尚未用畢，則備餐室就是等候與保溫等候的地方，可調節上菜服務時間的功能。從客人桌上撤回的殘餚餐盤和餐具，送入廚房洗碗區清理，但餐桌上用過的布巾則暫時收納於備餐室的布巾專用籃櫃中，俟用餐時間過後送洗衣房清洗。

6. 氣室功能：備餐室具有廚房與餐廳之間的「氣室」（Air Lock）功能，可以調節兩個空間的艙壓平衡。

7. 工作站：是設在餐廳前場的服務工作站（Service Station）。配合餐廳服務動線的安排，和服務員工作分組的需要，在適當的地方放置工作站。通常工作站均爲餐具櫥櫃的設計，其功能內容包括：

① 輔助放置或收納各式餐具和佐料。

② 放置菜單或促銷推廣的印刷品。

③ 放置備用的布巾。

④ 因服務動線太長時，櫃上可以放置咖啡機或冰水等。

服務酒吧（Service Bar）

服務酒吧是直屬酒吧部門管理的酒類和飲料供應處所，若於前場餐廳並無規劃正式酒吧時，則介於餐廳、廚房與備餐室之間的「服務酒吧」是必要的。服務酒吧的後場補給與出貨服務的動線，可與備餐室合併使用，酒吧中的設備：

1. 置物棚架：放置各式烈酒或中國酒使用。
2. 冷藏冰箱：為放置飲料專用，附設玻璃門的冰箱。冷藏啤酒、葡萄酒和各種果汁，要注意分開放置，因為它們所需的冷藏標準是不同的。另須設置一處冷藏箱來放置啤酒杯，在高級餐廳的服務是必要的。
3. 工作站：屬於酒吧部門的管理人員工作的地方。

餐務部門（Steward Section）

餐務部門屬於餐飲後場的單元之一，他們主管各廚房的洗碗區及陶瓷器皿、玻璃水晶器皿、銀器等各式餐具的清潔和管理，以及廚房地坪的清潔。

除了廚房的洗碗區配置於廚房與備餐室附近的角落外，餐務部門另外需要：各式餐具倉庫和銀器倉庫，這些管理空間對於旅館的餐飲成本控制和管理，扮演「制衡」的重要角色。

處理廚房（Wet Kitchen）

處理廚房通常適用於中大型旅館，餐飲部門的廚房和餐廳較多，或配合中央廚房而設置的，專門處理各種生鮮貨品的初步整理和處理的工作。比如說某一種蔬菜進貨後，A廚房要使用菜莖；而B廚房要使用菜葉，或是C廚房對牛肉的處理規格與D廚房類似等，則均經由行政主廚統一安排於處理廚房調理後，再由各廚房來領取，可以降低成本。

處理廚房的設施依據當地生鮮材料供應和廚房管理需要而

定,並無一定規範或設備,一般多以工作台、水槽、電鋸機、開放式棚架和大型湯爐等設備配置。

處理廚房通常配置於後場的驗收場或中央倉庫附近,有時也兼處理蔬菜、魚肉的初步清理工作(尤其是大陸地區的旅館是非常必要的)。

主廚工作站(Chef's Station)

各廚房主廚應設置一處工作站或小型辦公室,以利廚房食品調理的專業管理和行政聯繫的空間,通常設置於廚房出菜台附近,或倉庫區附近。

餐廳與廚房大小關係及相關法規

交通部觀光局對於餐飲場所與廚房面積的規定

餐飲前場與廚房後場規模大小比例,依據交通部觀光局「觀光旅館管理規則」,附表一「觀光旅館建築及設備標準」貳、設計要點:「九、廚房之淨面積不得小於下列規定:

供餐飲場所淨面積	廚房(包括備餐室)淨面積
一五○○平方公尺以下	至少為供餐飲場所淨面積之三十%
一五○一至二○○○平方公尺	至少為供餐飲場所淨面積之二五%加七五平方公尺
二○○一平方公尺以上	至少為供餐飲場所淨面積之二○%加一七五平方公尺

餐飲場所與廚房面積規定

附表二「國際觀光旅館建築及設備標準」貳、設計要點:「九、應附設餐廳、會議廳(室)、酒吧,並酌設附表三(註)所列之其他設備。其餐廳之合計面積不得小於客房數乘一・五平方公尺。」,「十、廚房之淨面積不得小於下列規定:

供餐飲場所淨面積	廚房(包括備餐室)淨面積
一五〇〇平方公尺以下	至少為供餐飲場所淨面積之三三%
一五〇一至二〇〇〇平方公尺	至少為供餐飲場所淨面積之二八%加七五平方公尺
二〇〇一至二五〇〇平方公尺	至少為供餐飲場所淨面積之二三%加一七五平方公尺
二五〇一平方公尺以上	至少為供餐飲場所淨面積之二一%加二二五平方公尺

餐飲場所與廚房面積規定

註:附表三:「觀光旅館籌建申請書」之附屬設備:
理髮室、美容室、三溫暖、健身房、室內遊樂設施、洗衣間、旅行服務、外幣兌換、貴重物品保管專櫃、郵電服務、商店、酒吧間、游泳池、網球場、高爾夫練習場、衛星節目收視設備、射箭場、夜總會、宴會廳、其他。

依據旅館的餐飲場所及廚房關係規劃經驗的關係參考數值

場所名稱	餐飲場所 @客席／㎡	廚房及備餐 @客席／㎡	備註
(1).咖啡廳（自助餐）	1.4～1.7㎡	0.46～0.65㎡	Cafeteria
	≒1.5㎡	≒0.5㎡	Café
(2).咖啡廳 （外場廚房及取菜台）	1.4～2.5㎡ ≒1.8㎡	0.40～0.60㎡ ≒0.43㎡	Cafeteria Coffee Shop
(3).餐廳	1.1～1.5㎡	0.46～0.65㎡	Restaurant
	≒1.3㎡	≒0.5㎡	
(4).宴會廳（多功能使用）	0.7～1.0㎡	0.25～0.40㎡	Banquet
	≒0.8㎡	≒0.32㎡	
(5).職工餐廳	0.7～1.0㎡	0.19～0.36㎡	
	≒0.9㎡	≒0.25㎡	

關於廚房排煙罩及排煙管的規定

內政部「建築技術規則」建築設備編：第五章空氣調節及通風設備，第三節、廚房排除油煙設備：

第一○三條：（通則）本規則建築設計施工編第四十三條第二款之規定之排除油煙設備、包括：煙罩、排煙管、排風機及濾油脂網等，均應依本節規定。

第一○四條：（煙罩）煙罩之構造，應依下列規定：

　　　　　　一、應為厚度一‧二七公釐（十八號）以上之鐵板，或厚度○‧九五公釐（二十號）以上之不

鏽鋼板製造。

二、所有接縫均應為水密性焊接。

三、應有瀝油槽，寬度不得大於四公分，深度不得大於六公釐，並應有適當斜坡連接金屬容器，容器容量不得大於四公升。

四、與易燃物料間之距離不得小於四十五公分。

五、應能將燃燒設備完全罩蓋，其下邊距離地板面之高度不得大於二一○公分。煙罩本身高度不得小於六十公分。

六、煙罩四周得將裝置燈具，該項燈具（註）應以鐵殼及玻璃密封。

註：為防爆型燈具。

第一○五條：（排煙管）連接煙罩之排煙管，其構造及位置應依下列規定：

一、應為厚度一・五八公釐（十六號）以上之鐵板，或厚度一・二七公釐（十八號）以上之不鏽鋼板製造。

二、所有接縫均應為水密性焊接。

三、應就近捷徑通向室外。

四、垂直排煙管應設置室外，如必須設置室內時，應符合本編第二十九條第六款規定加設管道間。

五、不得貫穿任何防火構造分間牆及防火牆，並不得與建築物任何其他管道連通。

六、轉向處應設置清潔孔，孔底距離橫管管底不得小於四公分，並設與管身相同材料製造之嚴密孔蓋。

七、與易燃物料間之距離，不得小於四十五公分。

八、設置於室外之排煙管,除用不鏽鋼板製造者外,其外面應塗刷防鏽塗料。

九、垂直排煙管底部應設有沈渣阱,沈渣阱應附設有適應清潔孔。

十、排煙管應伸出屋面至少一公尺。排煙管出口距離鄰地界線,進風口及基地地面不得小於三公尺。

第一〇六條:(排煙機)排煙機之裝置,應依下列規定:

一、排煙機之電氣配線不得裝置在排煙機內,並應依本編第一章電氣設備有關規定。

二、排煙機為隱蔽裝置者,應在廚房內適當位置裝置運轉指示燈。

三、應有檢查、養護及清理排煙機之適當措施。

四、排煙管內風速每分鐘不得小於四五〇公尺。

五、設有煙罩之廚房應以機械方法補充所排除之空氣。

第一〇七條:(濾油網)濾油網之構造,應依下列規定:

一、應為不燃材料製造。

二、應安裝固定,並易於拆卸清理。

三、下緣與燃燒設備頂面之距離,不得小於一二〇公分。

四、與水平面所成角度不得小於四十五度。

五、下緣應設有符合本編第一〇四條第三款規定之瀝油槽及金屬容器。

六、濾油網之構造,不得減小排煙機之排風量,並不得減低前條第四款規定之風速。

小生財器具的規格

　　小生財器具（S.O.E. Small Operating Equipment）是指營運中所需的非固定和消耗性設備及器具。非固定器具設備例如，所有後場辦公場所的家具、櫥櫃、事務機器，客房部門的棚架、推車，餐飲部門的家具、櫥櫃、各種服務車、佈置用道具，廚房使用的切菜機、切片機、攪拌機、剝皮機、開罐器、咖啡機、開水機……等。消耗性器具例如，客房使用的浴巾、毛巾、手巾腳布、床單、床罩、窗簾、浴簾等各式布巾，和浴室用的沐浴化裝用品，客務用的清潔工具及清潔用品。餐飲部門使用的各式瓷器、玻璃器皿、銀器、用餐刀叉和湯匙、筷子、牙籤、花瓶等，各種桌布、檯布、口布等，廚房使用的各式鍋子、蒸籠、盤子、瓷器、籃子、桶子、刀鏟瓢勺、棚架，餐務用清潔工具和用品。行政管理的各種規格印刷品、表格、文具等。人事部門的各式制服、圍裙、帽子及配件等。前場管理的館內外固定指標、活動指示牌、標誌、海報架等。工程管理部門的維護零件、工具、儀器等，總務部門的各種車輛、旗幟……等。種類非常多、而且繁雜，依據以往工作經驗一家旅館的籌備，對於小生財器具的種類需要都在三千種以上，這裡還不包括各種生鮮物品和消耗性用品的採購在內。

　　因為小生財器具種類多，今就與建築裝修空間配置相關的項目，例如，各種餐飲器皿、酒類瓶罐、各式餐具、各種食盒容器等西式用器，其規格介紹如下：

餐具（*Utensils*）

1. 餐刀　　　　　　　　　　　　　主菜使用
   Dinner Knife　　L＝241mm

2. 小餐刀　　　　　　　　　　　　早餐、前菜、水果、乳酪、燻魚
   Small Knife　　L＝220mm　　或麵包、土司。

3. 魚刀　　　　　　　　　　　　　魚的主菜，亦可在桌邊切魚片服
   Fish Knife　　L＝218mm　　務使用。

4. 餐用叉子　　　　　　　　　　　主菜使用，例如，蘆荀和洋蕪等
   Dinner Fork　　L＝207mm　　蔬菜使用。

5. 沙拉叉子　　　　　　　　　　　前菜、甜點、乳酪、水果、沙
   Salad Fork　　L＝178mm　　拉、燻魚、貝類、西點。

6. 魚食叉子　　　　　　　　　　　魚的主菜，亦可在桌邊切魚片服
   Fish Fork　　L＝193mm　　務使用。

7. 湯匙　　　　　　　　　　　　　湯碗（Soup Bowl）用。
   Soup Spoon　　L＝205mm　長柄杓（Ladling）取菜用。

8. 茶匙　　　　　　　　　　　　　湯杯用：甜點、蝸牛、杳甜瓜
   Tea Spoon　　L＝133mm　　用。

9. 咖啡匙　　　　　　　　　　　　咖啡、茶、熱巧克力、貝類、水
   Coffee Spoon　　L＝113mm　　果、冰淇淋等。

10. 聖代或冰茶匙　　　　　　　　　冰淇淋聖代、冰咖啡或冰茶。
    Sunde or Iced-Tea Spoon　L＝82mm

11. 蝸牛叉子　　　　　　　　　　　吃蝸牛（田螺）用。
    Snail Fork　　L＝130mm

12. 龍蝦叉子　　　　　　　　　　　吃龍蝦用。
    Lobster Fork　　L＝216mm

13. 蛋糕或派鏟刀　　　　　　　　　分蛋糕和派服務用。
    Cake and Pie Servers　L＝150mm

200　150　100　50　0

玻璃杯器（*Glassware*）

1. 啤酒杯（大陸型）　　高度　　170mm
   170　Beer Glasses　　容量　　12oz
   （Continental）

2. 水杯　　　　　　　高度　　163mm　大型鬱金香造型
   163　Water Goblet　　容量　　10oz

3. 紅酒杯　　　　　　高度　　135mm　標準單點（á la carte）和宴會
   135　Red-Wine Glass　容量　　3oz　基本配件

4. 白酒杯　　　　　　高度　　130mm　小的鬱金香造型
   130　White-Wine Glass　容量　3 1/2oz

5. 萊茵酒杯　　　　　高度　　125mm　上粗下細的長莖玻璃杯，德
   125　Rhine-Wine Glass　容量　3 1/2oz　國和奧地利白酒使用

6. 雪利酒杯　　　　　高度　　125mm　西班牙白葡萄烈酒杯
   125　Sherry Flass　　容量　2 1/2oz
   （Club）

7. 大白蘭地杯　　　　高度　　125mm　大的氣球造型玻璃杯，杯壁
   125　Brandy Glass　　容量　14oz　薄。供Cognac和Brandy老酒使
   （Large Snifter）　　　　　　　　用。

8. 香檳托杯　　　　　高度　　115mm　普及性寬碗型托杯，香檳和
   115　Champagne Gaucer　容量　5oz　碳酸酒類（起泡沫）使用。

9. 鷄尾酒杯　　　　　高度　　105mm　小的托狀玻璃杯。
   105　Cocktail Glass　容量　3oz

10. 威士忌杯　　　　　高度　　65mm　圓柱狀無莖杯，Scotch、
    65　Whiskey Glass　容量　2oz　Bourbon和Whiskeys滲冰塊使
    （Rocks Glass）　　　　　　　　用。

11. 調酒杯　　　　　　高度　　140mm　混合調酒使用。
    140　Mixing Glass

12. 蘭姆酒杯　　　　　高度　　130mm
    130　Rummer　　　容量　　14oz

瓷器和盤子（*China and Dishes*）

1. 湯盤　　　　直徑　200～250mm　濃湯、燉湯、貝類食物等
   Soup Plate

2. 餐盤　　　　直徑　250～300mm　主菜、各式前菜；亦可作
   Dinner Plate　　　　　　　　　　爲餐桌底盤襯餐巾或紙
   　　　　　　　　　　　　　　　　巾，上面再放置燉湯的湯
   　　　　　　　　　　　　　　　　碗等。

3. 沙拉盤　　　直徑　180～200mm　早餐食物、沙拉、甜點、
   Salad Plate　　　　　　　　　　各種前菜；亦可襯餐巾或
   　　　　　　　　　　　　　　　　紙巾，放置水果、鷄尾酒
   　　　　　　　　　　　　　　　　餐點或蔬菜沙拉碗等。

4. 麵包盤　　　直徑　160mm　　　放置各種麵包；亦可襯紙
   Bread Plate　　　　　　　　　　巾來放置佐料、果醬等容
   　　　　　　　　　　　　　　　　器或奶油、糖罐等。

金屬食盒容器（*Hotel Pan*）

　　旅館廚房備料或配菜的主要容器，可提供冷藏或保溫儲藏，為國際化規格：

1.　　1900型　全盤　　外尺寸L528mm×325mm　深度　60mm，100mm，150mm。
　　　Full Size　　　內尺寸L498mm×298mm

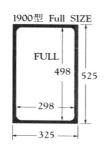

2.　　1800型　2/3盤　　外尺寸L352mm×323mm　深度　60mm，100mm，150mm。
　　　2/3 Size　　　內尺寸L324mm×302mm

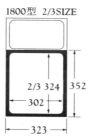

3.　　1600型　1/3盤　　外尺寸L321mm×177mm　深度　60mm，100mm，150mm。
　　　1/3 Size　　　內尺寸L292mm×148mm

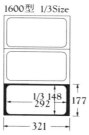

4.　　1500型　　1/2盤　　　　外尺寸L320mm×260mm　　深度　　60mm，100mm，150mm。
　　　　　　　　1/2 Size　　　　內尺寸L298mm×238mm

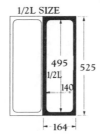

1500型　1/2 SIZE

1/2
238
298
260
320

5.　　1500L型　　1/2盤　　　　外尺寸L525mm×164mm　　深度　　60mm，100mm，150mm。
　　　　　　　　1/2 Size　　　　內尺寸L495mm×140mm

1/2L SIZE

495
1/2L
140
525
164

6.　　1400型　　1/4盤　　　　外尺寸L262mm×162mm　　深度　　60mm，100mm，150mm。
　　　　　　　　1/4 Size　　　　內尺寸L240mm×140mm

1400型　1/4 SIZE

1/4
240
140
262
162

7.　　　1300型　1/6盤　　　外尺寸L174mm×161mm　　深度　　60mm，100mm，150mm。
　　　　　　　　1/6 Size　　　內尺寸L152mm×140mm

8.　　　1100型　1/9盤　　　外尺寸L176mm×108mm　　深度　　60mm，100mm，（150mm）
　　　　　　　　1/9 Size　　　內尺寸L154mm×89mm

中餐用陶瓷器（*Chinaware for Chinese Restaurant*）

使用說明：S/T：Seting　　（擺桌配備使用）

A/C：′a la carte　（單點餐廳使用）

B/Q：Banquet　（宴會筵席使用）

R/VIP：Room VIP　（貴賓室使用）

1.	16″ 圓盤	16″ dish	直徑	400mm	B/Q
2.	14″ 圓盤	14″ dish	直徑	360mm	B/Q
3.	12″ 圓盤	12″ dish	直徑	300mm	B/Q
4.	10″ 圓盤	10″ plate	直徑	250mm	B/Q, A/C
5.	8″ 圓盤	8″ plate	直徑	250mm	A/C
6.	6″ 圓盤	6″ plate	直徑	160mm	S/T, A/C & B/Q
7.	16″ 橢圓盤	16″ oval dish	長軸	400mm	B/Q
8.	14″ 橢圓盤	14″ oval dish	長軸	360mm	B/Q
9.	10″ 橢圓盤	10″ oval dish	長軸	250mm	A/C
10.	9″ 橢圓盤	9″ oval dish	長軸	230mm	A/C
11.	9″ 湯盤	9″ plate	直徑	230mm	A/C
12.	7″ 湯盤	7″ plate	直徑	180mm	A/C
13.	10.5″ 湯碗	10.5 soup bowl	直徑	270mm	B/Q
14.	8″ 湯碗	″8″ soup bowl	直徑	200mm	B/Q
15.	3.6″ 湯碗	3.6″ soup bowl	直徑	90mm	港式，S/T, A/C & B/Q

中餐用銀器（*Silverware-Hollowware*）

1.	12人用魚翅缽	Shark's Fin Bowlfor 12 Persons	R/VIP
2.	13″ 圓盤托架	13″ Round Dish Stand　直徑　330mm	R/VIP
3.	10″ 圓盤托架	10″ Pound Dish Stand　直徑　250mm	A/C, R/VIP
4.	20″ 橢圓盤托架	20″ Oval Dish Stand　長軸　510mm	B/Q
5.	18″ 橢圓盤托架	18″ Oval Dish Stand　長軸　460mm	B/Q
6.	16″ 橢圓盤托架	16″ Oval Dish Stand　長軸　410mm	R/VIP
7.	骨盤托盤	Small Dish Saucer	S/T, R/VIP
8.	冬瓜湯容器托架	Melon Soup Container	R/VIP
9.	箸／匙架	Chopstick/Spoon Rest	S/T, R/VIP
10	長柄湯勺架	Soup Ladle Rest	R/VIP
11	大湯勺	Large Soup Ladle	R/VIP
12	龍耳魚翅湯碗	Shark's Fin Soup Bowl W/Dragon Handle	S/T, R/VIP

廚房用刀規格（*Knife for Kitchen*（mm））

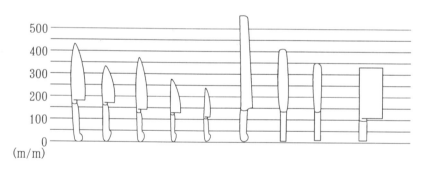

第 10 章

其他相關的規劃與設施

其他空間的設施與規劃

一般旅館之館內營業設施，除客房及餐飲兩大部門之外，其他的營業設施的搭配經營也是非常重要的。其他附屬營業設施，有的是市場需求的配合、有的是純粹服務旅客、有的是公司企業形象的創造所必須，這些設施規模大小不一搭配旅館的整體經營，正常經營情況一般營運收入佔旅館總營業額的10％～至30％，所以對旅館來說仍是非常重要的一部份。

宴會及會議設施（Banquet and Convention Room）

除了小型旅館之外，一般都會區旅館或渡假區旅館大多會配合市場需求，設置大型或中小型宴會廳或會議場所，以提供聚會、酒會、筵席、典禮、會議、講習、訓練……等各種活動功能需求，尤其是都會區旅館的設施，幾乎已經與都市社區功能結合，使用率非常頻繁。

在空間的規劃使用中，基本上仍以原來旅館開發的市場定位為最高指導原則，依據市場需求，必須有多少空間、多大空間、何種空間提供市場未來的使用和發展，是固定的空間或多功能空間？是專供會議或兼供用餐？這些問題是必須先從市場角度切入，由內部空間組合的考量，再做最後外皮的包裝，這仍是「由裡而外」（In Side Out）的概念，而不是建築空間分配後的剩餘利用，空間的多寡比例是非常重要的。一般的經驗中，有幾種表現和使用方式說明如下：

宴會廳（Banquet Hall）

這是一種旅館標準空間設施，通常多作為多功能空間使用。空間的規模配合一般都會區市場的習慣，以可以容納五十桌（每桌12人）筵席的空間，其面積標準為800m²。這種大型場所為配合

多功能使用，一定需要對外保留一側長向通道或直角兩側保留通道，作爲客人進出場動線空間，必要時可將長向空間以金屬防火隔音活動隔間牆隔開，成兩處或三處空間，作爲不同聚會或功能使用；同時後側一定要保留從廚房和備餐室提供餐飲服務或其他服務走道空間，以隨時配合供餐或各種服務動線需要。其他附屬設施：

家具倉庫（Furniture Storage）

因應多功能的需要，舉行各種不同的活動，會有不同家具使用排列的佈置，所以幾乎每天都要有一次或二次的佈置工作，而家具倉庫就是這種佈置道具的調節空間，是很重要的後場。

聲光控制室（Audio & Vedio Control Room）

宴會或會議場所的活動使用時，最重要的除了主持者的表演和控制能力外，最主要的是聲光效果的配合和氣氛的營造。而這些設備的控制和操作，就是聲光控制室的最主要功能。控制室通常配置於主席台對面或側面牆壁的上方，居高臨下可以容易掌控和配合全局。一般宴會廳場所的室內高度較爲高挑，以營造出氣派來，與其他空間產生區隔，所以控制室通常都設有夾層空間來利用。

活動隔間牆的收納空間

因爲宴會廳空間高挑，活動隔間牆爲金屬材料製造，所以重量可觀。但又因配合各種活動的使用，隔間牆的運用就非常頻繁，爲使方便容易操作，都採用懸吊式滑軌，一般女性服務人員即可輕易操作。活動隔間的軌道配置和收納空間的規劃，盡可能收入牆內不露痕跡，若無空間使用時，不妨將其露明擺置，但要考慮美觀包裝。

貨物升降機

　　大型活動場所中常被使用為商品發表會或展覽場所，展出商品當中常有大型貨品例如，汽車、卡車或大型模型等，必須在連接後場走道設置大型貨物升降機，以方便貨品進出供展覽設備的裝置。

禮堂或儀式場所（Assemly）

　　這是專用的儀式場所，專門提供各種宗教儀式佈置、不同典禮活動，或演講、聚會的場地。聲光控制為固定的幾種模式選擇，大多不做臨場配合。因無用餐或酒會功能，所以不一定設置後場聯絡動線，但必須設置小型倉庫作為不同佈置的家具調整收納空間使用。

會議室（Convention Room）

　　專業的會議室，通常規模不大約可容納30人以下，會議場所的佈置可以分為固定設置或活動設置兩種：固定佈置的場所氣氛容易營造，格調高雅層次較高。活動佈置的場所機動性良好，為一般程度多功能使用。這種場地夜間非會議使用時，亦可以作為家庭電影院或MTV使用。

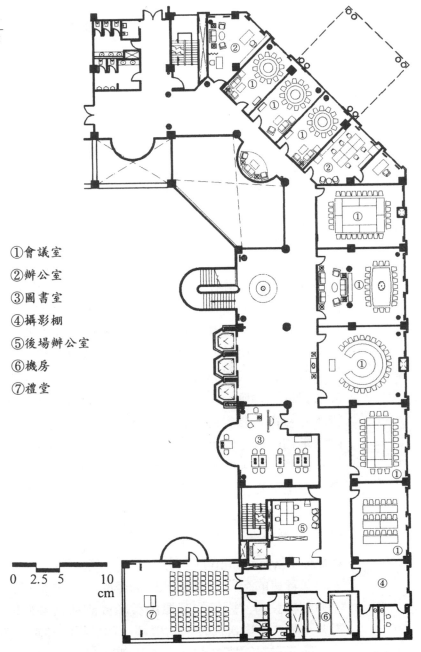

① 會議室
② 辦公室
③ 圖書室
④ 攝影棚
⑤ 後場辦公室
⑥ 機房
⑦ 禮堂

二層平面配置圖（部分）——溪頭米堤大飯店

室內休閒設施（In-Door Resort Facilities）

室內休閒設施是指設置於旅館室內的附屬營業設施，如：健康或養生的俱樂部形式綜合設施，健身房、韻律教室、溫泉浴場、三溫暖（桑拿浴）、健診室、美容室（男女兼用）等，再配合大小會議場所、圖書室、咖啡廳等，即可作成獨立俱樂部運作功能，對外招收會員。其他如：視聽歌唱（卡拉 OK、Karaoke）、電子遊樂場、商店街、保齡球館、檯球室、乒乓球室、壁球場、室內游泳池等，則可以因市場、地點、業務需要作成各種彈性的組合，或成為市場訴求的主題。

結合市場及旅館地點、環境而規劃出來的定位，可以再延伸出許多設施，如：新婚蜜月之旅的套房，和客房送餐服務（Room Service），和它周邊服務設施；小家庭休閒旅遊的托嬰室或幼兒遊戲室等設施，及其專業護士或褓母的周邊設備；學齡前兒童或小學中年級學童家族旅遊的親子遊樂設施，圖書閱覽室、大型室內教育性遊樂設備或溫水游泳池等；配合多功能場所的多媒體表演設備等，都是旅館常見的室內休閒設施，但在軟體的經營管理空間及設備，均應備合設置一些管理室、服務或作業空間，給水、排水、接電或動力的配合供應，空氣調節或衡溫設施要求與否等的考量和核對，是非常重要的作業評估或檢查。

在管理上，室內休閒及運動設施大部分均由旅館自行投資經營，少部分以出租或加盟方式合作經營，所以在管理上需要考慮動線的關係。

健康活動設備（Health and In-Door Sport Facilities）

健身房（Gymnasium）

健身房的空間一般需要30m²至60m²，主要配置：重量訓練及健力訓練設備。設備的選擇由教練或訓練指導員依據訓練課程的需要，配合市場新進設備的機種，作成採購建議後設置。

地面材料因應各種運動之需要，最好為彈性木板材料或拼裝

地毯；牆面之一面須裝置落地明鏡，可協助器材使用時的姿勢矯正和學習。

附屬設施：更衣室、置物櫃、盥洗室（廁所及淋浴間）等。

韻律教室（Fitness）

面積約需40m²以上，亦可與健身房合併使用同一空間，但須區隔空間與使用時間。地面材料為標準舞蹈教室專用的彈性木質地板，牆面之一面須裝置落地明鏡，及中腰線高度裝置扶手，供練習及教學使用。

附屬設備：更衣室、置物櫃、盥洗室（廁所及淋浴間）等。

三溫暖（Sauna Bath）

發源於北歐芬蘭，又稱「芬蘭浴」（Finnish Sauna），是在溪邊利用天然地熱出口建立小木屋，浴者置身於溫度60～110℃的乾熱中，至能忍受的程度，全身冒汗毛孔舒張，再走出屋外投入約10℃以下的冰冷溪水中，如此多次往復活動，可紓解緊張、促進身體的新陳代謝。後來這種沐浴方式加入其他相關設備，走入經濟社會中，廣受大眾的喜好，當然在一般的旅館中，也逐漸被視為標準的休閒服務設施之一。

其主要及附屬設備：更衣室和置物櫃（將自備服裝換成浴室浴袍或浴巾）、廁所、脫衣室（將浴袍或浴巾脫掉）、淋浴間（有高式淋浴和低式淋浴二種）、三溫暖烤箱（Sauna Box，規模大小按經營需要而定）、冷水池、按摩浴地（溫水）化妝室（洗臉檯）及休息室等。

土耳其浴（Turkish Bath）

是蒸汽浴，以高溫蒸汽充滿浴室內，使浴者流汗後用冷水沖洗。與三溫暖最大的不同是：三溫暖為「乾熱」；土耳其浴為「濕熱」。其他周邊設備和流程大致相同，也有將兩樣不同的設備合併設置。

檯球室（Billiards or Snooker）

一般俗稱「撞球」。其基本標準空間和設備規格為：

1.三球或四球撞球檯：長288～300cm，寬153～165cm，重500～600kg。

2.花式撞球檯：長270～330cm，寬138～180cm，重500～800kg。

3.活動空間：球檯與牆壁之間150cm，球檯與球檯之間120cm。

乒乓球室（Ping-Pong）

亦稱「桌球」（Table Tennis）。其基本標準空間和設備規格：

1.球檯規格：長274cm，寬152.5cm，高76cm。

2.活動空間：一座球檯的活動間為6.0m乘12.0m（含球檯在內）。

室內游泳池（In-Door Swimming Pool）

配合旅館經營政策和市場定位需要而設置，其基本標準如下：

1.室內溫度：27°C

2.水池水溫：28～31°C（溫水游泳池）

3.水質標準：含氯量0.6ppm（普通水質標準1.0ppm）

4.設計水深：兒童用60cm～120cm；成人用90cm～150cm。

5.附屬設施：更衣室和置物櫃、盥洗室（廁所和淋浴）、洗腳和洗眼設施。

健診室（Health Clinic Center）

一般旅館本來的法令規定，就必須設置「保健室」，配合特約醫師和編制內合格的護士，來照顧員工和服務旅客的簡單醫療工作。而健診室或健康中心的設立，只是將原來的基本設施，從被動的服務轉換成主動積極的照顧，擴大配合周邊的其他設施，變成養生、健康諮詢、體能活動設計等綜合性的活動。其設備空間約20㎡以上即可。

室內休閒活動設施（Recreation Facilities）

視聽歌唱（Karaoke）

爲二次世界大戰後，菲律賓樂師發明的〝Minus-one Orchestra〞錄音帶，配合其樂器演奏技巧，走唱演奏表演用。七〇年代被日本的家庭電器廠商引用，改良爲音樂伴唱帶，爲日本社會愛唱歌的習俗所接受而風靡日本，日人稱爲「空オケ」，即空白（Kara）的樂隊（Orchestra）的意思，而樂隊（Orchestra オケストラ−）的英文太長，變成日本外來語後簡化爲オケ（OKE），則音樂伴唱帶的新名詞爲「卡拉 OK」。傳到台灣後也風行全台，但因中國人不太習慣與別人分享音樂和快樂，爭執或不愉快的事層出不窮，所以配合台灣社會習慣的市場需要，而發展出「包廂」式的「卡拉 OK」，台灣人爲區別大衆式歌唱方式，特命名爲「KTV」。九〇年政府爲管理這種營業，將這種營業行爲稱爲「視聽歌唱」業，列入專業管理。

在台灣的觀光旅館附屬設施中，視聽歌唱設備並不列爲可以「附屬」的營業項目，必須專案另行申請許可的。目前一般旅館的「KTV」經營行爲非常普遍，請必須注意其「合法」與否和公共安全。就市場需求來看，視聽歌唱是非常大衆化的節目，在室內休閒設施的規劃上，可以列入考慮的；但也可以利用同一空間除了視聽歌唱外，因應市場的流行變化，可以設置其他設施。

迪斯可酒吧（Disco Bar）

是綜合酒吧及舞場功能的設施，以迪斯可舞場設施爲主，提供簡單的酒吧飲料服務。一般客席容量規劃以八十至一五〇爲適宜（因爲是旅館的附屬設施；非專業舞場），以「夜總會」或「酒吧」項目申請。

若以後經營需要從國外引進表演藝人或團體，則需要以「夜總會」營業許可向教育部申請和報備（目前台灣的夜總會年費已經取消）。

迪斯可酒吧配合營業時間的區隔，亦可做爲視聽歌唱

（Karaoke）、MTV或其他不屬於電影法管制的功能使用。

橋牌室（Bridge Room）

以大型開放空間或獨立小型隔間，提供各式橋牌或麻將遊戲，使用空間及人數可以配合市場需要或空間利用而定。

圖書館（Library）

一般都市俱樂部型態或休閒旅館，均常設置圖書館或圖書室，提供旅客專業或休閒的各種資訊。圖書館可獨立設置，亦可與其他空間如會議室、酒吧、商務中心合併或緊臨連通設置，其規模及內容可視市場和定位來決定。

親子遊樂室（Family Entertainment Room）

渡假旅館配合休閒節目的安排，親子遊樂室的設施是非常需要，且具調節性的。

一般親子遊樂功能設施，是以年齡階層來區分為：

1. 學齡前：幼稚園程度的遊戲活動和設備。
2. 低年級：小學一、二年級程度的遊戲活動和設備。
3. 中年級：小學三、四年級程度的遊戲活動和設備。
4. 高年級以上視為青少年，其活動以戶外設施為主，室內設施的利用較少，少數以圖書館的資訊稍具吸引力。

地面及牆面材料，以地毯或具彈性材料，以防止兒童於活動時受到傷害。遊戲設備為組合式套裝設備，可配合活動需要來佈置或裝配。

室內遊樂室（Recreation Room）

以各種大小型電視遊樂器、室內機械遊樂設施為主，分為靜態和動態的表現，提供青少年室內的遊樂功能。空間大小並無一定規格，視實際需要或市場定位而定。

戶外運動設施（Out-door Sport Facility）

戶外運動設施是在旅館規劃時，一起開發設定的，都市旅館照樣可以做到非常良好的戶外運動設施規劃，如游泳池、網球

場。

游泳池（Swimming Pool）

是旅館最普遍的運動設施，在都市旅館中配合建築物規劃常被配置在露台或屋頂。渡假旅館因為基地較大，可以配置在戶外空地或庭園景觀之中。游泳池的規模大小並無一定的標準，基本上長度最短需要25米以上，才能使喜歡游泳者有所活動的空間。

附屬設施：更衣室和置物櫃、盥洗室（廁所和淋浴間）、洗眼和洗腳池、池畔酒吧、躺椅和遮陽傘等。

網球場（Tennis Court）

網球運動非常普遍，也受到大多數人的喜愛，在旅途中若能利用休閒時間來一場網球活動，弄得滿身大汗、氣喘如牛，再享受三溫暖，來一頓美食大餐，不亦樂乎。在都市旅館中，大都設置於露台或屋頂；渡假旅館則可以於開發過程中即規劃進去，利用戶外空地來配合庭園景觀設計網球場，則其環境更形優美。網球場一般設計均採雙打規格，長度23.77m、寬度10.98m，後退空間最小≧6.4m（最大9.0m）；場地與側牆最小距離≧3.66m（最寬7.4m）；場地與場地間距離7.5m。戶外球場地面材料，一般分為紅土地及PU地面二種，視旅館地區氣候而定。

附屬設施：更衣室和置物櫃、盥洗室（廁所和淋浴間）、管理室、休息區等。

槌球場（Gate Ball or Croquet）

為15m×20m的細草修剪平整的標準場地，四周各外加一米為教練指導區。正式兩隊比賽各邊為五名隊員，共十人在場中比賽，為非常大眾化的活動，尤其受到老年人的歡迎。

附屬設施：休息室及廁所。（更衣室可與其他活動共用）

果嶺及沙坑練習場（Putting Green and Approching）

為高爾夫球專業技巧練習場地，最少需要10m×10m的草地空間，但也要注意四周的彈性空地，並以防護網圍籬作成安全措施，以防止飛球傷人的危險。

射箭場（Archery）

為流行的戶外活動之一，通常配合旅館週遭邊緣空間的利用，以較高的土坡為屏擋，在其之前設置箭靶。射程距離以15m為最短距離，射道寬度可依現場彈性使用，原則上射箭者之間相距二米為準，規劃分配射道數量。（射箭場非專業運動標準，故可彈性運用）

附屬設施：可與其他設備共用。

滾輪溜冰場（Skate Court）

提供青少年滾輪溜冰活動場地，約10m×20m的平整水泥地，可規劃成8字形或雙8加直線形狀跑道，外圍加設扶手護欄。

附屬設施：可與其他設備共用。

兒童遊戲場（Children's Playing Ground）

學齡前兒童遊戲設施，如沙坑和其他組合式（Combination遊戲設備，場地大小可依實際現場彈性規劃。

附屬設施：可與其他設施共通使用。

健康步道（Hiking）

都會區的商務旅館住客，喜歡利用旅館附近的公園綠地或人行步道，於晨昏時刻作散步或慢跑的運動，有些旅館也利用露台的庭園規劃出健康步道，提供有散步或跑步習慣的旅客使用。

在風景區、郊區、山區或海濱的渡假旅館，更是得天獨厚，利用天然的環境資源，或是利用附近既有的景觀設施，來規劃出各式各樣的健康步道，不但可提供旅客使用，且本身也是一種環境景觀，更可襯托出旅館建築幽雅美感。

其他設施（Others）

戶外溫泉浴場（Out-Door Hot Spring Bath）

依照日本式「露天風呂」（Rottenburo）的風味，設置於戶外較為高處或隱秘處，為男女分開設置的溫泉浴場，風味絕佳。

室內溫泉浴場（In-Door Hot Spring Bath）

溫泉資源為地理上老天眷顧的天然的資源，但其水源的供應

量和水溫的穩定性，就是旅館經營號召的命脈，台灣地區正是獨具這種自然條件環境，全台竟有一○三處經過探勘的溫泉露頭，而其中三十六處是已經被開發為經濟利用，所以溫泉浴的使用非常普遍，但整個使用程度與風格均非常粗糙。好的資源應該有好的規劃和利用，其未來的休閒市場配合和利用，是有相當的號召魅力的。溫泉浴場利用的水溫，一般在43℃～38℃之間適合入浴溫度（通常在水源處較高；末端較低）。溫泉的使用是「泡澡」而不是「洗澡」，所以入浴之前先要洗淨後泡浴，覺得過熱時出水沖涼，再行浸泡，如此反覆活動。通常多與親人或好友同浴，享受溫泉的「靜思」和「親情」文化。

附屬設施：更衣室和置物櫃（或脫衣室和置物架）、化妝台和洗臉盆、洗手間、高淋浴間或低淋浴台、溫泉浴池。

溫泉浴場的規劃是相當有變化的，可以配合各種不同的沐浴方式，加上利用水療的原理，透過各式的創意作成各種有趣或有主題的浴場設施，如：水中按摩、噴射式逆水游泳練習、灌頂式水柱沖涼（打瀨 Utase）或三溫暖烤箱等組合，是旅館休閒渡假市場號召的利器。

後場管理空間的規劃與設施

旅館的後場空間（Back of House）是前場營業空間的指揮所和補給站，一家旅館的經營成功與否，後場空間的規劃占最具影響力的因素。旅館的經營是一種綜合性的作戰，一般旅客或參觀者，只看到前場的豪華、優雅、親切、服務和美食，但他們無從一窺或體驗後場的精華和巧妙的安排，這才是旅館運作的原動力。

就後場管制的動線來說，如前面第七章空間功能與管理組織所說的，基本上分為：職工進退的管制、貨物進場驗收的管理及

垃圾清運的管理等三條系統，但系統又與後場空間產生密切的關聯，如：職工用室空間、中央倉庫空間、房務管理空間以及行政管理空間等，綜合起來其基本的後場的管理動線關係如下：

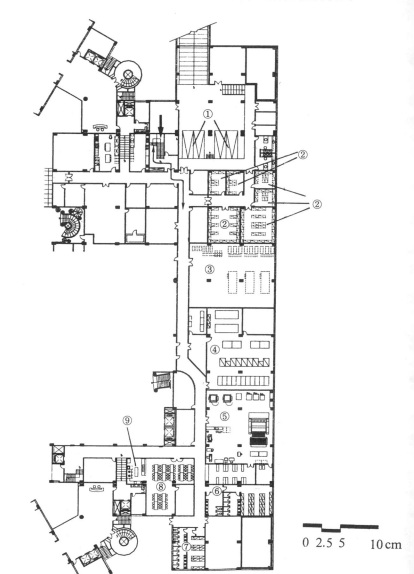

①卸貨場
②倉庫
③空調機房
④配電室
⑤洗衣房
⑥男休息室與更衣室
⑦女休息室與更衣室
⑧員工餐廳
⑨員工廚房

0 2.5 5   10cm

基層平面配置圖（部分）——蘇州太湖大酒店

①員工餐廳
②員工廚房
③辦公室
④男休息室與更衣室
⑤女休息室與更衣室
⑥機房
⑦電氣配電室
⑧空調機房
⑨儲油室
⑩發電機室
⑪鍋爐室
⑫麵包房
⑬倉庫
⑭冷凍與冷藏倉庫
⑮卸貨場
⑯警衛室
⑰驗收辦公室

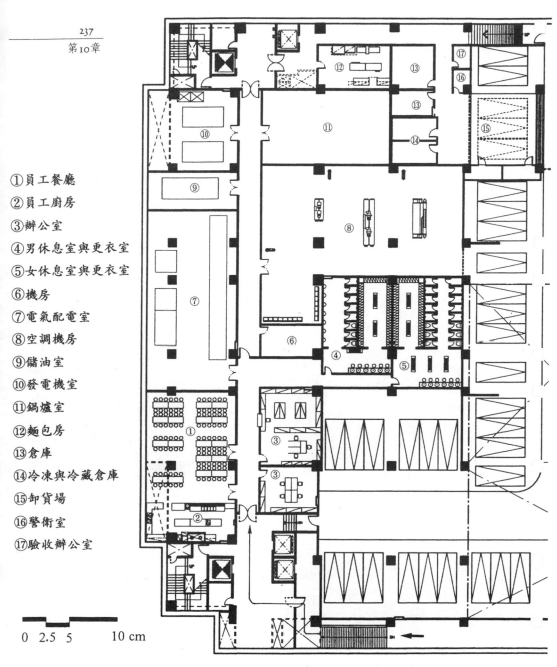

0 2.5 5   10 cm

地下三層平面配置圖——台東娜路彎大酒店

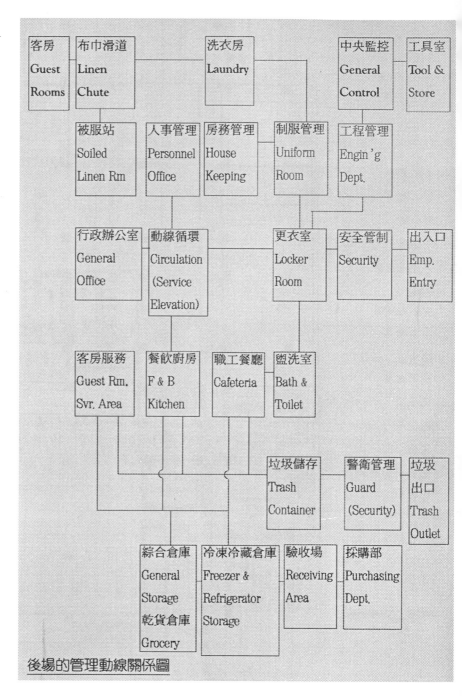

後場的管理動線關係圖

從上面管理動線關係上，可以了解到動線管理有三條系統：職工進退系統；貨物進場系統和垃圾（廢棄物）管理系統。而在三個系統之間橫的關係上又有許多交會點，這就是管理業務的關係重點，詳細說明如下。

職工進退系統（Employee's System）

職工進場有專用的門禁管制和時間管理設備（Timekeeper），管理職工進退場時間和檢查攜帶的物品。進場後至制服管理室（Uniform Room）領取乾淨的各種專業工作制服（所有旅館職工制服、帽子和鞋子，均由旅館統一供應和洗燙），再到更衣室更換工作制服，私人物品嚴禁攜帶進入工作場所，必須放置於置物櫃中，然後進入各工作崗位作業。旅館經營是年中無休的運作，人員的作業也是24小時服務和管理的，所以工作時間的排班是很重要的，一般分為日班、小夜班和大夜班三種，門禁的時間管理和工作報酬核算的重要依據。

職工餐廳是專門提供職工餐飲服務的餐廳，屬於人事部門管理（不屬餐飲部），一般僅供應午餐、晚餐和宵夜（選擇性）。職工餐廳的規模通常都配合旅館職工人數的三分之一至六分之一，但至少需要提供五十個座位同時用餐，因為值班工作的關係，所有旅館職工是分批輪流用餐的。

職工退場時，到更衣室換回自己的衣物，經過門禁和時間管理站刷卡或打卡後離開。

貨物進場系統（Delivery System）

旅館採購的各種物品種類繁多，從每天所需的生鮮食品、魚肉蔬菜，到各種酒類、飲料；從各種用具、器皿，到各種油鹽、麵粉和罐頭等乾貨；從美工佈置、裝修器材，到機器或工程維護保養等，不一而足。而採購的程序是使用單位提出物品採購申請單（Purchasing Request），經單位主管、總經理批准後，交財務

部會採購部，再由採購部門依據採購申請單，向市場尋價評估或發包後，確定專業供應廠商提出訂購單（Purchasing Order）。供應廠商於約定日期交貨時，採購部門會同使用單位和倉儲管理單位會同規格、數量驗收，驗收完成後送入財務部門的倉庫，使用單位再提示領料單向財務部倉儲管理部門提領，這就是貨物管理流程。

　　貨物進場的驗貨或驗收手續過程，均於「驗收場」或「卸貨場」完成，在驗收場空間，通常必須能同時容納三部卡車同時卸貨（中小型旅館二部亦可）。驗收場的設置，以地面樓層最為恰當，但若為高樓建築地下室深挖結構者，配合中央倉庫的設置，可能設於地下樓層時，要特別注意貨車的大小與地下室車道高度關係。卸貨場的規劃可以採用卸貨台，高度約70㎝～90㎝，亦可做平面設計。驗收場面積大小無強制規定，以可以使工作推車能回轉為原則。

　　驗收場附近應連接：警衛室、倉庫管理室、冷凍庫房、冷藏庫房、酒類或飲料倉庫和乾貨倉庫。大型旅館或大陸地區必須配合設置處理廚房（Wet Kitchen），以利各種生鮮物品的初步清洗和處理後再行入庫。其他附屬設備：磅秤、電腦終端站、清洗用水栓等。中央各倉庫功能說明：

1. 冷凍倉庫：Walk-in Freezer，為儲存較長期庫存的生鮮食物或材料，規模配合旅館餐飲設施容量，若偏遠地區顧慮生鮮補給問題，可考慮容量稍大些。一般最低容量為五平方米。

2. 冷藏倉庫：Walk-in Refrigerator，為一般生鮮蔬菜、乳品、短期儲存材料，規模配合旅館餐飲設施容量。一般最低容量為五平方米。

3. 酒類倉庫：Wine Storage，一般是指葡萄酒類儲存的酒庫。按各種葡萄酒的儲存溫度要求（詳閱前章「廚房設備標準」），分別設置不同的小倉庫。烈酒和中國酒不需冷藏處

理。

4.乾貨倉庫：Grocery，爲一般倉品倉庫，如中式的南北貨、
   罐頭、穀類、食料粉、各式佐料及食用油等專用倉庫，需
   有除濕、防蟲設備。

5.綜合倉庫：General Storage，亦稱爲非食品倉庫，通常放置
   各種管理表格、傳票等空白印刷品，各種文具等消耗品，
   空間要求容量大，而且每天均須定時開放供各單位來領
   取。一般規模旅館最小空間需要五十平方米。

垃圾及廢棄物系統（Trash Outlet System）

　　旅館的垃圾和廢棄物一般分爲：濕式與乾式。濕式垃圾是指
餐飲處理之殘餚或廚房處理的雜餘殘荽，早期均採用密閉式桶裝
後放入冷藏室儲存，每天定時由專業處理廠商或養豬人家收拾處
理；十幾年來因應社會的進步和環境保護的意識抬頭，養豬人家
的副業經濟凋零，一般處理廠商之處理方式升級，所以旅館業者
的處理過程也已經改變。通常將濕式垃圾冷藏後，於後場適當的
空間裝置「殘荽處理設備」（Food Waste Treatment System），將濕
式殘餚做分離脫水處理，處理後的重量約爲原來的百分之十五而
已，且變成乾式的殘渣，清理容易，可與乾式垃圾同時交由一般
垃圾清運焚化處理。

　　乾式垃圾是指一般客房或辦公室所產生的生活廢棄物，由各
樓層清潔分類整理壓縮打包，儲存於後場出口適當地點，每天配
合脫水後的濕式垃圾一併定時清理。垃圾的清運處，通常均與驗
收場使用同一地點，方便清理和管理。在垃圾運棄之前，旅館警
衛一定要對打包準備清運的物品做詳細檢查，以防止挾帶旅館有
用物資偷渡，造成旅館損失。

　　大型規模的旅館，若有合適的空間者，也有自己設置垃圾焚
化爐設備，可以減少垃圾處理的困擾和做好環境污染防治的保
護，但其設置成本較高，設置之前需經過評估作業。

其他空間

除上述的動線系統關係空間外，其他空間的功能，大致可分為：職工用室、房務管理、行政及業務管理、工程部門、警衛與停車管理等，詳細說明如下。

職工用室（Employee Area）

整體旅館之人事管理，以職工用室空間較為具體，主體管理單位為人事辦公室，通常都配置於職工進出場或職工餐廳附近，以方便「人」的管理。人事辦公室規模都不大，一般約二至六人辦公。其他附屬設施有（1）訓練教室；（2）職工更衣室（含盥洗室）；（3）休息室；（4）娛樂室：

訓練教室（Training Room）

訓練教室是旅館職工綜合訓練所必須，通常容量為三十人的教室設備。

職工更衣室（含盥洗室）（Locker Room（Bath and Toilet））

旅館男女職工分開設置職工更衣室，室內依據職工人數設置物櫃，供職工收藏私人物品和衣物。更衣室附設盥洗室，洗臉盆化妝台、化妝鏡和穿衣鏡、長凳、淋浴間、馬桶間、小便斗（男性）、拖布盆等設備。

休息室（Rest Room）

提供職工非當班時間休息使用。若無適當空間時，可利用職工餐飲的非用餐時間兼用。

娛樂室（Recreation Room）

提供職工閱讀、看電視、乒乓球台等娛樂設施。附設：公共電話、提款機等。

房務管理（House Keeping）

房務部門是客房清潔管理的服務單位，編制相當大，除客房樓層管理站之外，包括房務辦公室、布巾倉庫、洗衣房和制服管理等。

房務辦公室（House Keeping Office）

設有經理（協理）一人，副理（經理）一人，秘書一人和值班領班一人，為經常辦公使用（規模可視旅館規模有所調整）。設備：電腦終端工作站3至4處，客房狀況指示器（Room Indicator）可獨立設置或顯示於電腦螢幕中，火災信號警報分盤等。

備品倉庫（Linen Storage）

為服務管理之物品倉庫，一般標準配置緊臨洗衣房。若空間許可，將房務部、制服管理、備品倉庫和洗衣房連貫起來最理想。

洗衣房（Laundry Room）

洗衣房的投資，對旅館來說是一項大的負擔，但為了旅館洗衣品質的管理和保證，通常都會設置洗衣房設備。洗衣房成本最初是設備的投資很高，一間標準規模的洗衣房設備大約需要投資美金40萬至45萬之間，在後續的經營上來說，人力成本的開支並不算太大，尤其是客衣洗燙的業務，仍是有利可圖的，但一般只限於都市旅館或常有國際會議使用的旅館，住宿客人要求洗衣的利用率較多。洗衣容量概估：5kg/room（含適當規模餐飲容量在內）。

洗衣房的設備一般分為：

1. 整理區：待洗的客房布巾等由清潔婦（Room Maid）於各樓層打包後，利用布巾滑道（Linen Chute）以丟包的方式或使用服務電梯運送到洗衣房，一般布巾被單類經點交後送入洗衣區；制服和客衣則需要以號碼機（Marker: Thermo-Seal Temporary Identification System）打上編號後送入洗衣或乾洗作業區。

2. 洗衣及烘乾設備：一般毛巾、浴巾、被單、台布、棉布或混紡類衣物，均送入洗衣機，經過洗淨/脫水（Washer-Extractor）過程。一般毛巾、浴巾和手巾類在這個過程後送入烘乾機（Laundry Dryer）處理即算完成。被單類再送

入平燙設備機處理；棉布或混紡類襯衫、工作服、工作帽等，轉入整燙設備區處理。

3. 被單平燙設備：滾輪平燙機（Roll-Ironer）專門處理被單及台布的平燙處理，為節省人力（工作很辛苦），通常在平燙機末端裝設自動摺疊機（Foldmaker），以提高工作效率和作業品質。

4. 乾洗設備：乾洗機（Textile Cleaning Machine），過去使用的乾洗去漬油料，其揮發性與廢棄物常造成環境污染，並破壞臭氧層的顧慮，近年來都採用四氯乙烯回收式乾洗設備。乾洗機專門處理容易變形或高級衣料的服裝之洗淨與烘乾，完成階段工作後送入整燙區作處理。

5. 整燙設備：整燙區設置各式整燙設備和組合：

① 手工整燙台：以傳統式蒸汽熨斗做各種特殊衣物的整燙工作。

② 整型機（Form Finisher）：像人身的模型，將乾洗後的上衣或大衣穿在大型整型機上，扣好衣服鈕子和拉鍊，將熱蒸汽灌入人型中，則衣服將依據原型整燙完成，消氣卸下後，小部分再以手工整燙即可。

③ 壓板機組（Press Section）：分為雙袖口、領口壓板（Collar & Cull Press）；小部位壓板（Mushroom Laundry Press）；衣身壓板機（Bosom & Body Press）等設備組成壓板機組，由一個（或二個）工作人員來操作。

配合乾洗後的衣物，除人形整型機的處理外，通常也可以多功能乾洗壓板機（Utility Drycleaning Press）來配合或完全使用。

6. 附屬設備：

① 機房：放置真空泵浦、空氣壓縮機等附屬機器。

② 倉庫：放置清潔劑、乾洗油料等材料的倉庫。

③ 真空工作台：特別骯髒的衣物，必須在真空工作台上固定後，用力洗刷清洗。

④ 水槽工作台：工作人員洗手或一般必須手工清洗的衣物洗淨處。

⑤ 修補工作室：破損衣物之手工修補；亦有設置於布巾倉庫內者。

⑥ 空調設備：洗衣房工作環境溫度很高，一定需要空調設備。

樓層房務工作站（Floor Station）

客房樓層的房務工作站是客房管理和服務的第一線，其配置與客房關係在前面章節的空間與組織關係已作詳細說明。在本節中，完全針對配置於後場的房務管理關係設施與規格作詳細說明。

1. 樓層服務台（Floor Service Station）：為安全和服務的需要，通常在每一樓層的電梯門廳（Foyer）或主要通道處設置樓層服務台，為顯示型的服務設施。樓層服務台內配置：

① 客房狀況指示器分盤（Room Indicator Branch Panel）或電腦連線網路終端機顯示器（Terminal Station）。

② 館內電話機（Inter-Phone）。

③ 住宿旅客名條架（Name Slip Rack）（選擇性設備）。

④ 火災警報受信分盤（Fire Alarm Branch Panel）。

2. 樓層工作站（Floor Work Station）：為樓層清潔管理的工作站，為尊重旅客的隱私權不作正面視線監視，所以不需派班當值守候，而以清潔管理輪班工作為重點。工作室內配置與樓層服務台相同，但為節省空間，所有設備大都為掛壁式。

① 客房狀況指示器或電腦終端顯示器。

② 館內電話。

③ 旅客名條架（可與狀況顯示器合併）。

④ 火災警報受信分盤。

⑤ 洗滌工作台及棚架（Sink Working Table/Shelves）。

⑥ 布巾滑道（Linen Chute）的設置空間。（選擇性規劃）

3.備品室（Linen Room）：需具備容納整個樓層使用備品的
容量棚架，放置房務清潔管理的工作推車二台的空間，及
存放客房迷你酒吧冰箱補給的各種飲料和零食。並有一處
小工作台，以便整理工作報表之用。

4.其他附屬設施：配合管理的不同定位，若有需要放置各種
自動販賣機或製冰機等設備，亦應一併考慮。一般這種公
用設備都配置於電梯口附近。

補充說明
在客房樓層走道，
公共電話是絕對不
能設置的。

行政管理空間（Administration Area）

行政管理空間是旅館總管理的心臟地帶，政策的制定、經營
的策略、命令的發布和財務的管理等，都在這裡執行。其空間的
規劃大致分為：（1）執行辦公室區；（2）財務部辦公室兩區。

執行辦公室區（Executive Office）

1.董事長室（President Office）：包括董事長辦公室、董事會
辦公室、董事長秘書室等空間。

2.總經理室（General Manager Office）：包括總經理辦公
室、助理總經理（或副總經理）辦公室、總經理秘書室、
接待室。

3.會議室（Conference Room）：酌設會議室。

財務部辦公室（Finance Department）

1.財務長辦公室（Controller Office）：獨立辦公室及接待功
能空間。

2.總出納辦公室（General Cashier Office）：總管旅館所有現金進出，設置大型保險箱（庫），保管現金、外幣及有價證券等。約二至四人辦公，設備有：

① 保險箱（庫）（Safe Deposit）。

② 電腦終端工作站。

③ 點鈔機、點幣機。

④ 小會議桌或工作桌，供點鈔工作使用。

⑤ 對外付款窗口，供廠商每月定時領取應付帳款用。（非絕對需要）

3.電腦室（Computer Room）：電腦的管理使用，以財務部門的使用量最大，組織編制關係亦屬財務部管理，所以通常都將電腦主機室設置於財務部內。其設備有：

①電腦主機設備。

②不斷電系統設備。

③電腦終端工作站。

④高架地板設施。（非絕對需要：但接地設施一定要標準）

⑤獨立空調系統設施。

4.成本控制室（Cost Control）：成本控制單位組織上雖屬於財務部編制和管理，但業務關係與採購部工作關係密切，通常都配置於採購部附近。

①需電腦終端工作站。

5.倉儲管理室（Storage Keeper）：倉儲管理除一般的各種中央倉庫的管理外，旅館財產、店鋪出租也是業務範圍之一。因管理作業關係，通常配置於中央各倉庫附近，以利就近管理。

① 需電腦終端工作站。

6.財務部辦公室（Accounting Office）：容納了：會計、稅務、收帳等工作人員辦公室。

① 電腦終端工作站多處。

工程部門（Engineering Department Area）

工程部（或養護部）是旅館各項設施和設備的維護和管理部門，掌管一切強電（高低壓）和弱電、空調、衛生給排水、建築裝修、生財器具、庭園和環境等養護和管理的業務。編制比例配合旅館的規模而定。其主要設施及管理空間說明如下：

.工程部辦公室（Engineering Department Office）

1.工程部經理辦公室：獨立分隔的空間，有小型接待設施。

2.大辦公室：容納總工程師、各組主管及非值班工程員、物料及資材管理員（兼秘書）的大辦公室。

3.中央監控室（Control Center）：為整體旅館電氣、衛生、空調、電梯、火警、監視等設備的監控中心，其設備有：

① 中央監控操作盤（Monitor and Control Table）：設有二至三個顯示器及操作盤，可以從顯示器中監看各樓層空間對於電力、照明、空調溫度、冷熱水給水狀況、電梯的使用等情況，作通盤的了解和監視，必要時並可以遙控操作調整，對於旅館的能源及安全有高效率的經營和管理。中央監控室直接監控的設備。

② 電氣配電室：每日24小時尖離峰動力用電、照明用電、欠相警告。

③ 給水泵浦及鍋爐室：每日24小時尖離峰冷水、熱水供應，及鍋爐燃燒情況。

④ 空調機房：每日24小時空調主機及泵浦運轉情況，各空間空調使用及室內外溫度調適情況。

4.機電空調材料及零件倉庫：儲放各種設備材料及零件。

5.裝修工作室：木工場和塗料工場，兼裝修材料倉庫。

6.工具室：放置各種工程用和維護用工具、儀器。

安全警衛部門（Security Area）

安全警衛部門屬於管理部組織內，主管整體旅館的安全、警衛及停車管理的工作。配合安全管理的需要，通常設置辦公室及幾處工作站：

安全組辦公室（Security Office）

為旅館安全警衛指揮中心，依旅館規模通常有三至六人在此工作，並設有一處值班站，負責24小時監視旅館內外各角落的監視器，並作成錄影帶存檔，以利各種緊急情況時聯繫支援或處理。

職工進退場警衛室（Employee's Entrance Guard Station）

負責24小時職工進退場的時間管理，及私人物品進出之門禁和檢查。

驗收場或卸貨場警衛室（Delivery Guard Station）

配合貨物進場的門禁工作，若配置規劃於職工進出附近，則可節省警衛人力。（貨物進場是有固定時間性的）

垃圾清運警衛室（Trash Outlet Guard Station）

配合垃圾清運的門禁檢查（清運作業有固定時間性）。垃圾的儲存站或儲存設施（Trash Container）附近，建議設置濕式垃圾處理的「殘菜處理設備」（Food Waste Treatment System），將殘餚脫水處理後，交由一般乾式垃圾同時清運。

補充說明

24小時值班的警衛
室，必須附設廁所
和獨立空調。

戶外停車場的管
理，除大門口的大
門警衛亭設置門禁
外，配合旅館或開
會、筵席的入場或
散場的尖峰時間，
都採用機動性調度
指揮管理。

停車場警衛室（Parking Station）

　　尖峰時間的停車場指揮及安全巡邏，若停車場為收費停車場，則可兼出口收費工作。有些外車和重要貴賓的車輛常由專業司機駕駛，於停車場適當的地方必須設置「司機休息室」，作為司機等待及休息區，並附設男女分開的廁所。

第 11 章

旅館形象與環境設施

旅館事業的形象有兩種，一種是感性與具體的外在形象；一種是知性與抽象的市場形象。感性與具體的外在形象如：旅館的建築外觀和環境景觀，大廳及公共場所的裝修和氣氛。知性與抽象的市場形象就是市場的企業印象。而整體的形象創造和運作，兩者是一體不可分割的。

旅館企業形象識別系統

旅館事業的業務推廣是一種企業形象的市場行銷，旅客來選擇旅館住宿或餐飲消費，他們憑藉著的就是市場企業形象。在廣泛多樣的市場中，同樣20m²的客房，有的旅館售價二千元；有的售價三千元；甚至有的售價四千元，其售價的不同並不是他們的裝修特別豪華或精緻，而是他們在事業形象開發與市場行銷策略的規劃與定位的設定，配合旅館營運後的公共關係運作，長期促進旅館形象推廣活動，這一切活動的運用，就是企業形象識別系統的使用和運作。而旅客們就依據他們所得到的印象，來決定他們的消費趨向和選擇。比如說招待何種情誼程度的親友到那家旅館用餐或住宿，或使用那家旅館來舉行公司或家族的聚會活動；或到那一家休閒旅館渡假或聯誼等，各種選擇的考量都與旅館的市場形象有直接關係。因為某家旅館有某種程度的形象，正是消費者喜歡或特別合適的情況下，作成他們的選擇。

但在市場中，如何依據自己旅館的定位，創造出自己「原創性」（Creation）的風格，以與市場其他同業產生區隔，這就是企業形象創造與開發的重點，一定要在創造過程中，考慮「形象識別」的功能，才能創造出自己的「品牌」。所以企業形象識別系統（Corporative Identity System）包含：MI理念識別（Mind Identity）、BI行為識別（Behaviour Identity）、VI視覺識別（Visual Identity），為現代商業市場中，最重要的企業個性和形象特徵的

表現。

企業形象識別系統的規劃與製作

　　CIS系統的規劃與製作是不可分割的作業階段程序，通常由同一組設計團隊，從概念計畫、規劃發展、色彩計畫、運用設計、執行製作等系列完成。

CIS的規劃

　　最基本的概念計畫仍然依據最初定案的旅館開發計畫（Master Plan），延伸發展而來的。從開發概念中的市場定位與「原創性」的市場區隔中，理性的分析既有市場各種品牌的形象要素，如形象中的國際性或本土性的強弱度，發展性的可塑性程度、市場迴響與口碑狀況。感性的造型感覺分析是線條形、方形、圓形、放射形或連續圖案……等圖形狀；或是以文字發展出來的造型；或是兩者混合運用者。然後從既有的市場情況中，依據自己旅館的開發概念與定位，腦力激盪或各種聯想中，尋找出未來旅館的基本圖形（Logo）、名稱、發音等聯想，進一步在發展出初步市場的區隔圖形、名稱、發音、口號（Slogan）和組合性。作為規劃階段（Schematic Phase）的表現並提出報告與檢討。

基本圖形（Logo）的發展草案（Draft Plan）

　　通常初步規劃報告都必須做出十種以上的組合選擇，並歸納成幾組系列，經過討論過濾後，挑選出三種或五種，經過修正後以草稿型態發展出，並加入色彩運用計畫，做出各種基本的運用。如：信封、信紙、名牌、菜單、手提袋、包裝紙、交通車或其他用具等。提出基本設計（Basic Design）階段的表現報告（Presentation），經旅館經營會議審查討論後，選擇出一組作為定案，即可進入運用發展的製作階段。

CIS的規範和運用製作

本階段乃依據基本設計的基本圖形、文字（合稱Logo）和稱呼的確定，正式進入各種形象運用和製作階段。

1.制定各種圖形、文字的組合標準和運用原則及方式，俗稱 Design Policy。

2.各種旅館用品的運用設計：

① 各種客房部門用品的運用設計。

② 各種餐飲部門用品的運用設計。

③ 各種公司企業形象推廣的用品設計。

④ 各種業務行銷用品的設計。

⑤ 各種行政管理表格的運用設計。

⑥ 各種旅館車輛識別系統的運用設計。

⑦ 各種館外看板、招牌、公路路標；館內指標、圖形等運用設計。

⑧ 各式職工制服的建議與設計（通常旅館制服有專業設計專家執行）。

⑨ 其他各種需要企業形象識別表徵物件的設計。

後續作業與使用管理

CIS系統完成後，必須先行向中央標準局或主管商標機關申請註冊，基本圖形的規範與運用的 Design Policy 應印刷裝訂成冊，由公關部門掌管，並向各部門說明其使用辦法與程序，以後各單位如須使用旅館識別圖形或色彩時，均以CIS系統的標準規範作為執行的依據，長期使用和推廣旅館形象後，在市場上就會造成消費者的印象累積，配合旅館的各季節促銷活動推廣，因而逐漸建立起旅館的「企業識別形象」。

CIS系統的使用，可以幾十年或更久不必更動，也有某些企業每十年作一次市場政策檢討，企業形象是否適合未來市場、是

否需要調整或繼續使用，決議後執行之。

環境設施與景觀計畫

　　CIS為旅館企業知性的識別形象，則旅館的建築與環境景觀設施即為旅館感性與具象的外在形象。在旅客或一般大眾為進入旅館，在未使用消費與享用服務之前，旅館的雄偉建築、幽美的環境景觀和豪華的館內裝修和氣氛的佈置，就是表現旅館具體的感性印象。

　　無論是都會區旅館或鄉村風景區旅館，環境景觀對於一家旅館的外在視覺效果、和感性的包裝，在硬體設施的感覺上，具有很重要的比率。環境佈置不只是戶外景觀而已，它包括旅館內部的綠化植栽、盆景；藝術品或各種道具的固定陳設佈置，使旅客走入旅館各角落時，除了使用及消費的各種功能外，在精神層面和氣氛的營造上，都是一種感性的享受，這就是環境設施和佈置的效益。

　　旅館的館內佈置及戶外的庭園景觀規劃及設計工作，雖然都由各專業規劃設計者來執行，但在他們執行之前，旅館業者仍須提供旅館最初的開發概念和產品規劃，作為他們專業執行的作業最高指導原則，他們在依據這個原則在他們的專業領域中，發展出館內佈置、庭園景觀等作業規劃和建議。絕對不可以在無指導的原則之下，任由各種專業規劃設計者來發揮，這將會造成旅館形象及定位的模糊，和市場區隔的困擾。

　　環境設施佈置和景觀規劃的範圍與指導方法可分下列兩項加以說明：(1)旅館內部環境設施；(2)戶外景觀庭園設施和館外指示。

旅館內部環境設施

館內環境佈置大致可分成三大類：(1)藝術圖畫佈置（Art Work and Display）；(2)綠化植栽花卉佈置（Plant and Flower）和；(3)館內指標配置（Sign and Direction）。

藝術圖畫佈置（Art Work）

藝術圖畫佈置工作是屬於室內裝修設計的附屬工作，設計師（Designer）除執行室內裝修設計之外，應繼承延續同一規劃概念，將附屬於室內空間佈置的各種藝術圖畫、裝飾陳設品等的規格、體裁內容、色調特徵等詳細列表，並說明何種物品佈置在何處，裝置的高度和道具、數量與尺寸規格等，以爲採購和佈置的依據。

藝術圖畫佈置工作，特別忌諱以個人喜好或漫無目的的選擇採購，它必須是旅館開發概念與感性形象包裝的延續，決不是只需要一些圖片來填補牆壁空間；它是有明確的主題概念。目前這種無主題現象仍然很多，特別給與強調提出說明。

1.客房用圖畫：

① 使用標準：藝術創作品或複製品。

② 體裁內容：（配合旅館開發主題和市場概念）

- ■中國式圖畫，仿古、寫意、雙勾工筆、潑墨……等。
- ■西洋式圖畫，古典主義、印象派、超現實、新古典、新寫實……等。
- ■配合旅館原創性的創意，油畫或水彩創作、版畫、速寫……等。
- ■或其他……表現方式。

③ 規格尺寸：圖畫長寬比例、直式或橫式，圖框形式或設計、邊襯的材質和大小、懸掛的位置和安裝方式。

④ 圖畫數量：一間客房一幅或二幅……。

2.客房走道及電梯門廳用的圖畫。（使用規格同上）

3.公共場所用的圖畫：

① 一樓或主要樓層的大廳或門廳等場所，一般常使用名畫的眞品，也是旅館對藝術品收藏的一種投資。

② 餐廳或酒吧的圖畫佈置。

③ 其他場所的佈置。

藝術收藏的佈置（Art Collection）

藝術品的收藏，也是旅館的重要投資，也是展現旅館文化氣質的格調表現。世界許多國際性有名旅館，或具有歷史性旅館，藝術品的典藏和歷史照片的保存，就是他們最重要的資產之一，也是他們在市場的企業形象中，獨樹一格的重要因素。目前台灣國內旅館已經開始重視這種收藏，大溪鴻禧別館、高雄漢來大飯店、福華大飯店系統旅館、西華大飯店、圓山大飯店、國賓大飯店等，均多少典藏一些國外古典主義、印象派、裝飾主義、現代藝術等繪畫和雕塑作品；或有一些中國字畫、器物等作品。

器物收藏的陳設（Decoration and Display）

在設定的主題和概念下，有系統的收集原作或仿製品的古典家具、屏風、燈具、陶瓷器、織錦、民俗藝品、雕刻等，作爲裝置佈置的陳設。器物的陳設佈置，基本上以公共場所爲主，如大廳、宴會門廳、電梯門廳等處，爲24小時管理監視場所。

植栽綠化佈置（Plant Display）

室內的裝修與陳設，需要自然的植栽來綠化，會使整體的搭配氣氛更顯得柔和及人性化，所以旅館內各個場所的植栽綠化佈置規劃，是營業管理中不可或缺的。規劃中必須顧慮到，種樹、樹形、樹態、樹高、顏色等，雖然是由專業園藝家來作規劃，但主事者必須具有一定的常識，才能達到雙向溝通的共識。

盆花及插花的位置配置規劃，也是佈置規劃的重點之一，它

可以使整個旅館的佈置顯得生意盎然，達到畫龍點睛的效果。

植栽綠化佈置配置，必要時可以將植栽或盆花特殊照明計畫，一併列入考慮。

館內指標和海報架（Sign and Post Stand）

旅館室內面積大，且機能配置複雜，初次走入的人都必須依賴各種館內外指標，才能找到他們所要接洽或到達的地方。

指標的規劃也必須配合原來的旅館開發理念，和建築裝修設計與企業形象識別CIS系統的原創性造型，從中發展出來的圖形、中文文字、英文文字和阿拉伯數字系列。在前面一節中，所提到的是各種館內外的指標設計；在本節中是指各種指標的配置運用執行。在指標的使用上，分為：(1)客房部門的指標；(2)宴會及會議部門指標；(3)餐飲場所的指標；(4)一樓公共場所指標；(5)活動海報架；(6)手持叫人牌等六種

客房部門的指標

客房部門指標有：客房房號、房間指示、避難指示、電梯指示、安全門、房務工作室、備品室等。

宴會及會議部門指標

宴會及會議部門指標含：宴會場及會議室的編號及名稱、衣帽間、男女公共廁所、殘障廁所、公共電話、貴賓室、備餐室、後場事務室、避難方向、安全門、安全梯、電梯指示等。

餐飲場所的指標

餐飲場所的指標包括了：各種餐廳特有的「識別文字或圖形」（Logo），衣帽間、男女公共廁所、殘障廁所、公共電話、避難方向、安全門、安全梯、電梯指示等。

一樓公共場所指標

一樓公共場所指標有：前台功能牌指標（接待、門房、收銀及兌換）、服務中心、大廳經理（客務關係）、衣帽間、男女公共廁所、殘障廁所、公共電話、避難方向、安全門、安全梯、電梯

指示等。

活動海報架（Post Stand）

海報架爲提供各種旅館內部活動的通告，或各種活動場地、場所的指示，或歡迎和祝賀的詞句，是機動性、最具時效性的告知牌，一般旅館都不可或缺的道具。海報架的設計，無論在造形上或色彩上，均屬於同一概念系列的。

手持叫人牌（Paging Plate）

通常旅館的空間裡，除背景音樂的悠揚旋律外，都非常寧靜，客人交談亦都輕聲細語，爲尊重和保持這種良好的氣氛，遇有外線電話傳呼在餐廳用餐的旅客時，通常使用一種約A3大小附有握把的牌子，在上書寫傳呼旅客姓氏，輕按鈴鐺聲，在餐廳室內巡迴走動，使被傳呼者注意，則可提供傳呼服務。這種牌子的設計，仍爲概念系列道具。

户外景觀庭園設施和館外指標

旅館的庭園景觀之規劃，本身就是一項非常專業的行業，但配合旅館的功能和一貫的商品形象系統，在庭園專業之外，旅館業者必須站在旅館開發或經營的角度，提示一些屬於旅館或使用應該關切的事物。

游泳池的配置

都市旅館土地取得成本較高，游泳池的配置常使用露台或屋頂，因受場地限制大多設置一處半套的標準池，或配合建築造型的不規則設計的游泳池，專供青少年和成人使用。

休閒旅館則腹地較大，通常設置兩處游泳池，一處爲青少年及成人使用；一處專供兒童使用。海邊的渡假旅館有時除了兩處游泳池外，配合市場定位區隔和地形的條件，也有配置海水潛水游泳池的。

1.成人游泳池的建議：長度最少應大於20米；寬度至少應大

於10米。深度的建議，最淺處為90公分；最深處為150公分。

2.兒童游泳池的建議：長度建議在6米至12米之間；寬度在6米至8米之間。深度在60公分至90公分，亦可全部均為60公分者。

附屬設施：更衣室及置物櫃、戶外淋浴、盥洗室和游泳池機房等。

戶外按摩浴池（Jaccuzi or Whirlpool）

大小並無一定的限制，主要是提供旅客在游泳之餘，可以泡在戶外大型按摩浴池中，放鬆全身筋骨以水療的方式，舒暢全身消除疲勞。一般按摩浴池深度約50公分。

附屬設施：按摩浴池機房。

戶外表演場地（Out-door Theater）

渡假旅館或有少數民族地區旅館，常設的戶外表演場地設施。一般表演場以長方形（3：2）或圓形舞台為多，長方形佈置可考慮加入背景處理；圓形舞台的背景與後場較不易連接。圓形舞台直徑至少應大於10米；長方形舞台深度至少應大於8米。觀眾席可作多種配合方式：戶外空曠平地；戶外馬蹄形階梯形式；戶外及室內餐廳均可觀賞者，或其他佈置方式……等。第一排觀眾席與舞台間的距離，在戶外應小於15米、室內應小於10米。

附屬設施：男女演員更衣室及廁所、道具室、聲光控制室等。

池畔酒吧（Pool Side Bar）

配合游泳池畔露台配置活動酒車或吧台服務；亦可將吧台與游泳池配在一起，使游泳者在水中即可享受到各種清涼飲料的服務。

旗杆的設置（Flagpole）

旗杆通常為旅館的精神與禮貌的象徵。一般旅館只需設置三支至五支的旗杆即可；若為定位於國際性會議市場經營為主的旅館，則通常必須設置15支或更多，其設置數量為奇數，以應付多國性會議的升旗儀式。

殘障坡道（Slope for Wheelchair）

提供殘障者使用的斜坡道。（詳見第三節）

旅館戶外看板、招牌和指標

配合戶外景觀庭園的規劃，應將旅館店招的配置列入設計。是設置於建築物屋頂裝置霓虹燈和大招牌，或是在庭園景觀當中，在適當的位置設計旅館的店招，都是庭園規劃時核對的重點。

旅館的戶外指標，是指進入旅館所在地的區位關係上，從10公里或更遠處的公路，即開始佈置旅館導向的指標。這種指標的規格和材質、顏色造型、裝置高度及位置等，公路管理局均有一定的規範。應於旅館開幕前半年，依據規定申請設立旅館引導指標。

戶外停車場

戶外停車場分為四部份，應於庭園景觀規劃時一併列入考慮：

1. 大客車停車場：依據建築技術規則，建築設計施工篇第五十九條規定：國際觀光旅館應於基地地面層或法定空地上，按其客房數每滿50間設置一輛大型客車停車位，每設置一輛大型客車停車位減設小型車三輛停車位。

2. 小客車停車場：若於基地地面層設置小客車停車場者。職工的停車位是否併入一般停車位計算或另行設置，亦須列入計算和考慮。

3. 計程車臨時停車位：無論都市旅館或渡假休閒旅館，除自

行開車的旅客外，計程車的方便需求是很重要的，所以一般旅館均須提供臨時停車場，供計程車排班服務之用。

4.職工機車停車場：一般渡假休閒旅館，地處偏遠，除旅館的上下班交通車之外，通常使用機車者仍然很多，所以機車停車場的需求是非常迫切的。

旅館設備接管出口的位置

旅館各種設備必須設置接管補給出口，其配置位置與景觀庭園規劃有密切關係，於規劃時應一併列入考慮：

1.地下室新鮮空氣進氣口、及排氣口：進氣口和排氣口之截面積需求龐大，其風速標準為500FCM，最大不得超過800FCM以上，否則容易造成噪音；且進氣與排氣的位置不可放在一起。

2.消防送水口：消防給水包括：消防栓系統、自動撒水系統。

3.燃料加油口：

　①鍋爐油加油口。

　②柴油加油口。（緊急發電機）

4.污泥及廢油抽取口：污水處理後的污泥和廢油，定期由環保廢物處理車來執行抽取清運的工作。

其他戶外遊憩設施

如：網球場、槌球場、迷你高爾夫球場、高爾夫推桿果嶺練習場、滾輪溜冰場、射箭場、兒童遊戲場……等。詳見前面章節說明。

公共建築物殘障者使用設施

　　為保障人權尊重生命，目前世界各地新建的旅館和公共建築物，配合殘障人士使用之停車位、斜坡道、導盲磚、路口導盲音樂、扶手、殘障廁所、輪椅電梯及殘障客房等，都普遍設置，政府並訂定相關的法令規章明令執行。

　　與旅館設施相關的規定，依據內政部建築技術規則摘錄如下：

設施標誌

　　公共建築物內設有供殘障者使用之設施者，應於明顯處所設置殘障者使用設施之標誌。

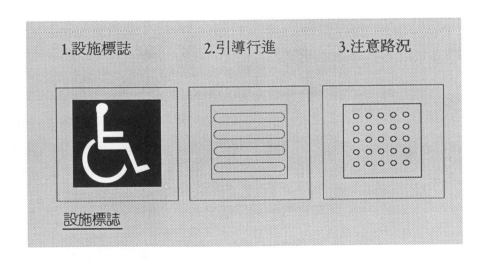

引導設施

　　引導殘障者進出建築物所設置的設施：

　　1.為引導殘障者行進之設施。
　　2.為使殘障者注意前行路況之設施。

3.室外引導通路：指建築物出入口至道路建築線（人行步道）間之通道，設有供殘障者使用之引導設施；該通路寬度不得小於1.3公尺。

國際觀光旅館建築物設置供殘障者使用設施，其種類及使用範圍

1.室外引導通路。
2.坡道及扶手。
3.避難層出入口。（註：通常指一層或可以直接連通地面之樓層）
4.室內出入口。
5.廁所盥洗室。（註：指公共樓層空間之殘障廁所）
6.浴室。（註：指殘障客房之浴室）

坡道

供殘障者使用之坡道，其坡度不得超過1:12。供殘障者使用之內外通路、走廊有高低差時亦同。前項坡道、通路、走廊高低未達75公分者，其坡度不得超過下表之規定。

高低差cm	75以下	50以下	35以下	25以下	20以下	12以下	8以下	6以下
坡　度	1/10	1/9	1/8	1/7	1/6	1/5	1/4	1/3

坡道坡度高低差表

避難層及室內出入口

供殘障者使用之避難層出入口、室內出入口，其淨寬度不得小於80公分，且地板應順平，以利輪椅通行。

樓梯之構造

供殘障者使用之樓梯依下列規定：

1. 不得使用旋轉梯，梯級踏面不得突出，且應加設防滑條，梯級斜面不得大於2公分。梯級之終端30公分處應設置引導設施：

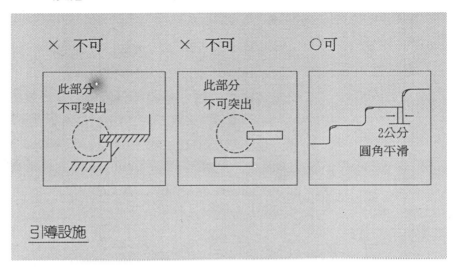

2. 梯緣末臨接牆壁部份，應設置高於梯級踏面5公分防塵緣；樓梯底版至其直下方樓版淨高位達1.9公尺部份應加設防護柵。

3. 樓梯兩側應裝設扶手，扶手應連續不得中斷。設於壁面之扶手，應與壁面保留至少5公分之間隙。

昇降機

供殘障者使用之昇降機，其出入口淨寬度不得小於80公分。昇降機出入口前方30公分處之地板應設置引導設施，且應留設深度及寬度1.7公尺以上之輪椅迴轉空間。

衛浴設備

殘障者使用之廁所、盥洗室及浴室，應裝設外開門或自動門，內部並應設置固定扶手或迴轉扶手，地面應使用防滑材料。

觀眾席構造

供殘障者使用之輪椅觀眾席，應寬度在1公尺以上，深度在1.4公尺以上，地面應保持順平，並加設扶手。

停車位

供殘障者使用之停車位應設於便捷處所，其寬度應在3.3公尺以上，並在明顯處豎立殘障者停車位標誌。

大陸國家旅遊局「旅遊涉外飯店」星級標準（項目一）：飯店建築物、設備設施和服務項目必備條件，對殘障設施的規定：

●三星、四星和五星級旅館「七、公共區域設施和設備規定『殘疾人設施：門廳有殘疾人出入坡道，有專為殘疾人服務的客房，該房間設備能滿足殘疾人生活起居的一般要求。』」。

伍

結語

第 12 章

未來旅館產業發展趨勢

國際社會的發展

自從冷戰結束至摸索出新的秩序，世界各國都在努力進行，盡力的維持世界和平。而從經濟發展的活動力來看，仍以美國、歐洲及日本為三個發展中心。這三個中心的經濟強弱程度，也隨著時間的推移，使其間的差別越來越明顯。

無論在經濟上的向心性或離心性活動，都包圍著這個中心和其周圍腹地的範圍，而其中大致反應出經濟活動的活躍性。由於經濟商務的關係和人、事、物的往來，所聚集的經驗來看，使我們可以預測這三個中心的順位應該是：日本、歐洲、美國。在地理位置與經濟發展影響關係上來說，我們屬於日本中心，但近年來對大陸的開放政策與各國外商及台商經濟投資，中國大陸也造成某些程度的影響力。以日本的經濟中心來說，其周邊有南韓、中華民國等NICS國家、中國大陸及東南亞國協ASEAN等經濟活躍的國家，他們與歐洲的東歐等國，以及非洲及中東地區國家之間的往來，遠較美國周邊國家（如中南美及加拿大）與歐洲等國的往來延展性大。這並不是世界經濟變化為區域性集團的結果，而是就地理位置與經濟交流的必然性。

其次就是點與點的流通，也就是兩點之間直接的活動性。最近機場的整備狀況和飛機的性能，已經完全改變舊有的方式，以前被利用來作為聯繫少數都會區的管道，再從中作人、事、物的轉運分配，這種方式已經過時了。直接以兩點之間直接流通的方法，將成為未來世界的主流，不僅省時又經濟實惠。簡單的來說，也就是以台北、高雄兩地為出入口的時代將會過去。因此作為地區經濟發展的要素就是以「機場」作為考量，未來如：台中、台南、新竹、台東及花蓮等地的機場，發展為聯絡核心，就可以和亞洲及太平洋地區都市直接往來。

若照這種互動的模式，它並不是向蜘蛛結網一樣，一點、一點將其連接起來；而是以每一個點為中心，作放射狀的發展。在

美國或歐洲的主要城市之間的聯結關係，早就像蜜蜂的飛行路線般的密集，而未來 21 世紀的台灣，大概也將開始朝這個方向來發展。

未來都市旅館市場的形態

在未來的密集國際交流，以經濟活動為主要的往來，政治、文化、教育、運動等活動，也將因此被帶動而迅速發展。所以這種情況發展為交通重點和經濟活動強的都市，今後客房數量的增設也是非常需要的。

旅館客房市場需求量的增加，連帶的會帶動其他各個設施與經營層面，當然市場消費價格的合理化，也是未來消費者與經營者之間一個重要的課題。所以在未來旅館開發的概念中，市場經營的突出表現，仍為最重要的條件。突出的表現包括：市場「原創性」的區隔、未來生活服務設施項目的增加和合理的價位，因為未來市場的競爭愈來愈激烈。此外，不同國家之間也有不同的風俗民情，這也是應該注意的。比方說歐洲人與美國人的習慣不同，而中國人與日本人不同，特別是在飲食與起居方面。所以旅館不僅是作營業買賣而已，也要隨時提供不同習俗問題的解決與服務，這就是朝國際化走向之餘，所產生的問題。

台灣地區自 1996 年民選總統產生後，國內的政治生態因為實施民主化將會逐漸改善，政爭減少則民生法案將會順利修改和通過，以利社會秩序與經濟發展的推行。對外方面，仍以大陸政策的發展受意識形態的區隔，產生和解的障礙，這需要時間來溝通，未來的發展應該是樂觀的。

多年的經濟發展和國際化關係，台灣地區已經累積了許多能源，並建立了自己的品牌形象。經濟將會持續穩定的發展，原有的國內的航空、鐵路、公路和通訊網路，已經具備發展規模，政治民主化以後，各種經濟建設政策的推展，對於交通建設的開發是有其正面意義的。比如：第二高速公路的完成、東西向快速道

路的闢建、快速鐵路的興建、桃園中正機場的擴建、台中國際機場的興建、電訊網路的開放等，使人可以在最短最方便的方式，到國內各城市旅遊或做短暫的居留。

在未來多元互動的社會中，對於都市旅館有何種要求呢。

傳統的旅館設備設施，是提供旅客生活方便的使用；而未來的旅館設備設施，除了原來的功能外，必須提供客人「享受」設備。簡單的說，旅館應能提供讓旅客如在舞台表演般的，享有整套齊備的設備。

社會形態的改變，旅館的使用逐漸融入人們的生活中，比如：各種不同事情的慶祝、會議、婚禮、同學會、商品展售會、或是觀光推薦等活動功能，因應這些功能，都可以配合規劃設計的。旅館的機能和軟體設施，可以提供未來市場的趨向和需求，也就是提供演唱們所需要的道具和服裝，有時甚至因應場合的不同，提供專業的主持人。

為了提供豐富的、多彩多姿的附加價值大的服務，還需要準備些什麼。可分為硬體與軟體兩方面來說。在硬體方面，例如要有可以應付展出流行品和展出各種活動的多功能展覽場地。展覽場都要具備有如舞台般的設備和可運用自如，且愈來愈精密的高科技設備，如照明、音響、空調、天花板的高度、大型的貨物升降梯可以達到會場，甚至還有香味的要求。此外還要求能夠配合如此功能的硬、軟體設備，像能短期存放金錢或貴重的保險箱、印刷、運輸、保全等服務管理。

在客房中，對於旅客所使用的浴室、衣櫥等功能也需要重新評估。要有能夠提供客人可以事先運送私人東西或物品過來存放的地方，及留言信箱等處理的管理和服務。浴室應該如臥室同樣的被重視，因為那是旅客重要生活條件設備之一。照明設備方面，應設有暖系光線燈色與自然燈色兩種。通信設備，一般標準應備有傳真機、電話機與網際網路。若客人不在房間時，也要使他能確實的收到從公司或家裡傳送過來的資料或信息，並盡快的

透過其他方式讓他知道，因為如此可以對客人產生極大的附加價值。

　　配合上述的硬體設施，同時軟體方面的運用與管理，也是非常重要的。對於市區內的各種活動、集會等都能事先掌握和準備，譬如交通工具的預約、服裝的準備，都能在短時間內有效率的提供。對於客人物品保管或運送應發揮確實的功能，才能順利達成任務。對於客人所需的圖片、數據、消息等，要能在短時間內，以電腦編輯出來，並能列印或發行等作業。同時能夠使用各種先進的通信設備、機器及小型電腦，協助擔任服務旅客的軟體角色。

　　旅館雖然身兼數職，對於附加價值高的服務工作，應予強化，但仍先需解決專業人員不足的問題。一些例行的作業一定得借助機器的幫忙，才能提高作業效率。清潔打掃及廚房的工作，更需使用機器來協助，所以機器的引進是必須考慮的。而這些條件都必須於旅館規劃時，就要列入考量和評估。許多人都認為，這樣做會增加成本，值得嗎？但我們在看豪華渡假遊輪的服務方式，船上的旅客們，悠閒的享受著時光的流逝，而他們要買的就是這種感覺，過著自以為充實的旅程，也就是花費船費的目的。

　　同樣的，在都市的旅館中，有如多功能服務的舞台上，旅客們亦自己上演著，愉悅的享受高貴優雅的一切，所以為此而付出高價也是值得的。但旅館為了在旅客面前表現出這樣的附加價值，需要付出設備與人力的代價是否值得，這就是旅館市場計畫與定位的問題了。

休閒渡假市場的形態

　　社會經濟的發展，國民所得的提昇，生活調節的需要，休閒已經不是一句口號，而是必須落實於生活的項目之一。目前勞基法規定每週工作 44 小時，但有一些高科技產業和一些私人公司已經實施每週工作 40 小時。中國大陸也自 1995 年 4 月開始實施

週休二日的政策。目前國內外企業均已逐漸「重視休閒」，企業界在徵聘人才時，即已開始注重此一制度。週休二日使人恢復精神的這種休假，對於企業界來說，已經是 21 世紀無可避免的事了。但從另一個的角度來看，這種休閒消費，是屬於一種有計畫性的消費。另一方面，這種消費市場，由於受到社會人口結構高齡化的影響，以中老年有閒人口為中心的市場，他們選擇特別的節日或進香的旅行，已經漸漸走下坡了。對於社會高齡化的現象，不管從任何角度來說，所尋求的對策多是被動的、消極的看法。但對於以時間和金錢為主要的對象的休閒旅遊，才是旅行業者所需要積極去爭取的市場。

在美國，把老人分成三種。第一種是 GO-GO 老人，也就是自己可以到處活動的人。第二種是 SLOW-GO 老人，即需要稍微照顧的老人。而第三種則是 NO-GO 老人，就是需要完全看護著的老人。值得注意的是以第一種人為大多數；而第三種則佔不到一成。

從上面這些角度來看休閒的需要，則可以了解到今後的休閒市場，將傾向於消費者自己衡量自己的時間和經濟能力，然後才決定消費去享受，這是可預測的第一要素。

將前幾年波斯灣戰爭當作一轉捩點來區隔，現在計畫到國外旅行的消費動向已有重大的轉變。由於消費者的連續假期的集中性很強，所以消費者不會選擇高價位的旅程，寧可等到有中下程度消費的時機再去旅行。特別是年輕人，這種傾向特別強烈，今後也將會持續這種形態趨向。等待合理的價格才去旅行，等到那個時候再犧牲其他預定的事情也要去旅行。像這種「國外旅行」的新動向，一定會馬上影響並打開國內的休閒旅遊市場。

由於消費者愈來愈關心時間和費用的分配，所以休閒旅遊業者不得不將市場分為兩種休閒形態。一種是「自主型」，也就是一般休閒旅遊地點的選擇，自主性較高較有主見者；而另一種是「流行型」，以使用頻率較高的休閒地點為目標。

有投資永續經營事業者，若能了解這兩種趨勢，則可以避免無謂的投資浪費。首先，我們來看第二種「高頻率利用」流行型，最近已逐漸成爲都市中流行的休閒方式。代表此型的有：當日往返、或停留一個晚上的旅遊，這種短期休閒是專以想暫時脫離千篇一律生活的旅客爲對象。當然，因爲大家的休假都差不多，所以在預約的管理控制就比較不容易。打高爾夫球、打網球及其他運動等活動場所，位於旅館的附近，可穿插使用小客車來往遊樂。尋求諸如此類比較有魅力或專門內容的休閒，當然平均的消費單較其他稍高，且競爭力較強。

其次，這種投資有利有弊，其利弊之間乃取決於市場定位。比方定位於大型家族和一般團體爲消費對象者，市場銷售的數量較大並且普及，僅需保持一定的標準設施和服務品質，與合理的售價即可得到市場的肯定。另一種定位於個人或小型家族休閒旅遊市場，市場消費量少但設施即服務品質要求較高，當然消費單價亦較貴。這種投資的定位取向者較少，但在國內經營成功的例子也有。這種利弊得失之間的癥結，就是市場定位，所以無論都市或休閒旅館首先就是決定自己在未來市場中的定位，然後依據這種定位去設定產品、客層、消費與經營管理。

第二種舒適休閒的「自主型」，就是發展爲國際化，招募國內每年流向國外的五百多萬海外渡假者和吸引外國人來台灣渡假的市場。這是政府的未來政策，也是旅遊業界多年的夢想。多年來，國內業者努力爭取外國旅客落地簽證業務，已經於 1991 年開放，其實際效應馬上得到立竿見影的效果。來台旅客自 1989 年中東波斯灣戰爭影響的一百八十萬提昇超過二百萬，至 1995 年已經超過二百三十萬。但這種進展並不能使人滿意，看看四小龍的新加坡，1990 年的四百五十萬至 1995 年超過七百萬的外籍旅客，使人感到汗顏。台灣政府應在民主化之後，在未來的世紀中，努力整頓，改善政府效率、提昇投資環境、投資交通建設，以成爲亞太營運中心和金融中心爲目標，而觀光旅遊事業在這裡就扮演

了一個很重要的角色。

　　無論是國內流向國外渡假的旅客，或是外籍遊客喜歡到國外各地旅遊渡假者，大部分屬於「自主型」，喜歡自己安排休閒旅遊行程。那麼喜歡自己悠閒渡假的旅客，對於休閒渡假活動有甚麼要求，和如何吸引他們。這可以分成幾種類型，一種是喜歡那種純自然風味，想好好沈醉其中的，如帛琉群島、關島、大溪地等都是很好的例子。另一種是喜歡歷史文化的那種感覺，從中可以證實自我的存在感。如翡冷翠、布拉格、北京、杭州等地，都是此型的代表。還有一種是追求跟平常生活不一樣的感覺，譬如西班牙、英國的鄉村、巴厘島、夏威夷群島、澳洲、紐西蘭等，這些地方是很受歡迎的。

　　從上述的類型與地方，我們可以了解到幾個成功的方向。第一，保有其原始的風貌，人工的東西人們已經早已看膩也過時了。第二，取其周邊優美秀麗的風景，為其先決條件，也就是利用原處自然與人文的環境資源，來作為發展觀光的前提。而且休閒渡假，站在以人為本位的生態環境來看，多多汲取原有的資源來使用才是關鍵。這也是一個卓越領導者在初期所需要的研究和計畫，接著就是要有很大的耐心和長遠的眼光。

　　現在各種事業的開發，已經需要花費相當的資金來做環境保護的時代，所以我們如果想要看到珊瑚和熱帶魚成群結隊的悠游，就得維護水質，保持當地生態系統的平衡，修護道路、碼頭、船隻，和對附近居民下水道處理和排放，都要做很大的投資維護。想做此類生意一開始就得做好心理準備。

　　最後還有一點「感性」的訴求，簡單的說，就是表現一些「故事性」。能夠持續某些「故事性」，對於休閒旅遊事業是一種良性的必備條件。但這種故事性並不是一朝一夕可以達成的，就像童話故事般或是大溪地的摩勒亞島上有著古老的傳說，這是經年累月而成的。

　　那又為什麼，台灣難道沒有什麼歷史文化的資源了嗎？從史

前文化、原住民文化的區隔、變遷、特徵等的表現；早期漢人來台篳路藍縷的開發，難道沒有什麼事物傳與後世嗎？各地方都有出色的故事和題材，但都需要去發掘和整理，然後加以發揚，這就是遊客們所需要的故事了。旅客們總是以走馬看花的心情在旅遊，這樣才覺得沒有負擔和獲得快樂。旅客通常對新的事物表現出興趣，但不如對古老而有味道的事物的興趣來得大，因為新的事物容易乏味、容易忘卻；而古老的東西雖然不起眼，但卻源遠流長，一再為人們所稱道與回味的。

結語

　　旅館產業本來就是一種未來形態的事業，因為它需要龐大的資金和慎密的市場計畫，不可能以投機的手段或短淺的眼光來作為執行的手段。它是永續經營的事業，所以它永遠是一項「未來型」的生意——永遠的事業。

參考文獻

──────── **政府資料及法令**

1.交通部觀光局　1995.6　〈觀光資料〉322

2.交通部觀光局　1995　〈觀光旅館業管理規則〉

3.交通部觀光局　1994　〈觀光統計年報〉

4.交通部觀光局　1994　〈台灣地區國際觀光旅館營運分析報告〉

5.內政部營建署　1993　〈建築技術規則〉

6.經濟部　1990　〈促進產業升級條例〉

7.行政院主計處　1995　〈中華民國台灣地區國民經濟動向統計年報〉69

8.行政院大陸委員會　1994　〈大陸觀光現況〉　研究工作主持人：吳武忠

9.中共國家旅遊局　1987　〈國家旅遊局評定旅遊涉外飯店星級的規定和標準〉

10.中共中國旅遊報　1993.7.17　〈1992年中國旅遊統計公報〉

──────── **一般書籍**

1.李銘輝　1992　《觀光地理》　揚智文化事業股份有限公司

2.高希均　李誠主編　1992　《台灣經驗再定位》天下文化

出版股份有限公司

3.高希均　李誠主編　1995　《台灣經驗四十年》天下文化出版股份有限公司

4.陳世昌著・雷麗娜編　1993　《台灣旅館事業的演變與發展》永業出版社

5.何西哲　1993　《旅館管理會計》　作者兼發行

6.必成出版社編輯部　1992　《稅務法規》　必成出版社有限公司

7.何春蓀　1986　《台灣地質概論　台灣地質圖說明書》　經濟部中央地質調查所

8.Sylvia Meyer, Edy Schmid, Christel Spübler 1987 Translated by Heinz Holtmann 1991, <u>Professional Table Service.</u> VanNostrand Reinhold, New York.

9.Jeffrey T. Clarke 1987, <u>Table And Bar.</u> Hodder & Stoughton, London.

10.Henry End 1978, <u>Interior 2nd Book Of Hotels.</u> Whitney Library, New York.

11.Howard J. Wolff 1995, <u>The Hospitality And Leisure Architecture of Wimverlyallison Tong & Goo.</u> Rockport Publishers, Inc.

12.Photographs by Luca Invernizzi Tettoni Text by William Warren 1995, <u>Balinese Gardens.</u> Thames and Hudson, London.

13.原勉・岡本伸之　1982　《ホテル・旅館產業界》　株式會社教育社

14.建築思潮研究所　1990　《31／溫泉・クアハウス》——健康增進のための樂養湯空間——建築資料研究社

論文

1.姚德雄　1987-1988　〈旅館設計與設備標準〉《觀光旅館雜誌》　第244～252期

2.姚德雄設計顧問社　〈台灣溫泉觀光資源的市場與開發〉——知本老爺大酒店的投資計畫——第十九次東亞經濟會議

3.姚德雄　1993.09　〈旅館產業之規劃與設計〉　旅遊服務業研討會主辦　中華民國戶外遊憩學會、中國休閒教育推展協會、金車教育基金會

4.姚德雄　1994.11　〈旅館硬體設施與軟體經營的關係〉旅館管理——高階主管研討會主辦中國生產力中心

5.田邊雅文　1992　〈二十一世紀のホテルを預見する〉週刊ホテルレストラン313

開發專案及資料

1.姚德雄設計顧問社　1983　〈老爺大酒店新建工程設計圖說〉　互助營造公司

2.姚德雄設計顧問社　1991　〈知本老爺大酒店新建工程設計圖說〉　互豐育樂事業公司

3.姚德雄設計顧問社　1992　〈溪頭米堤大飯店營業計畫書〉　新安育樂事業公司

4.姚德雄設計顧問社　1993　〈台東國際觀光旅館事業綜合開發計畫書〉　新展企業公司

5.WAT & G 1988, Sheraton Hobart Hotel, Tasmania Island, Australia. Tasmania State Government

6. WAT & G 1991,　Grand Hyatt Bali and Galleria Retail / Cultual Centre.　P. T. Wynncor Bali.

7. Maurice Giraud 1990　Le Sofitel Imperior Hotel.　Rich Sand Hotel Ltd.

8. Holidy Inns Inc. 1978,　Holidy Inn Building And Furnishing Standards. Franchise Projects Development, Standard Department.

9. 觀光企劃設計社　1988　　〈パレスホテルグアム設計圖〉　株式會社パレスホテル

10. 株式會社富士廚房設備　1983〈資料〉

附　錄　一

旅館產業的開發與規劃
專案探討以亞都大飯店為例

台北亞都大飯店(The Ritz Taipei Hotel)，在我的工作經驗過程中，是一個值得研究探討的案例，也很值得提供給有興趣從事旅館投資開發，或旅館經營者的一個研究的參考。

市場開發背景

　　一般旅館的開發其立地條件是非常重要的，也就是前面所報告的「基地引力」。亞都大飯店的基地位於台北市民權東路與吉林路交會口的西北側，分區使用屬於「住宅區」。當時1977年間，台灣的經濟政策進入出口導向期，政府於1973年推動「十項建設計畫」的公共建設，和推行「中華民國第六期台灣經濟建設四年計畫」(1973-1976)，1976年又繼續推展「中華民國台灣經濟建設六年計畫」等一連串的公共及經濟建設，僑外投資1973年超過二億四千萬美元、1977年超過一億六千萬美元，當時美元匯率為40/1，1977年國民生產毛額每人1288美元。觀光事業發展方面，1976年來台觀光旅客1,008,126，觀光外匯收入466,077,000美元；1977年來台旅客達1,110,182，觀光外匯收入527,492,000美元，而因應當時

觀光旅館客房市場的蓬勃發展，與未來市場客房發展的需求，預估全台地區尚缺少客房一萬多間，配合「獎勵投資條例」及1976年頒佈「興建國際觀光旅館申請貸款要點」，獎勵新建300間以上客房之旅館，由交通銀行等聯貸融資提供40%低利貸款。1977年內政部頒佈的「都住宅區內興建國際觀光旅館處理原則」，容許在院轄市及省轄市住宅區興建國際觀光旅館。在這種時空背景下興建的旅館，在台北市有：佳年華大飯店（現力霸大飯店）、三普大飯店（1988年改為龍普大飯店；1996年現為亞太大飯店）、美麗華大飯店、兄弟大飯店、三德大飯店、亞都大飯店、假期大飯店（現已休業）及美琪大飯店的擴建（現上海儲蓄銀行）等。

　　在1977年亞都大飯店旅館規劃之初，對於市場定位一直有許多研究和討論，又要配合工程及貸款進度，所以初步計畫為普通的「經濟艙」形態的「本土型旅館」，客房與餐飲功能均為標準設施，客房300間（三至十二樓）；二樓為西式餐廳、酒吧及小宴會廳；一樓為接待櫃台、咖啡廳；地下一層為中式大宴會廳及廚房；地下二層為停車場、洗衣房及各種機房。在興建的前半段過程中，我們都通過各種管道，

尋求各種開發合作與經營管理的夥伴，例如：新加坡的文華酒店系統、香格里拉酒店系統，美國假日旅館系統(Holiday Inn Corporation)也一直很積極的與我們接觸。但旅館地點條件不是很理想的情況下，在未來市場中與永續經營方面又必須尋求突破，所以在多方面接觸之下，1978年底，Mr. Ernesto Barba（1972-1975 台北希爾頓副總經理）來到台北，一席長談之後，以他豐富的市場開發經驗和敏銳的國際觀，立即對於我們的疑惑，提出一帖良方。

開發構想

市場情況和定位

台灣的市場成長平均穩定，但尚無獨特市場風格的旅館，尤其是專為歐美商務人士而設立的旅館。而亞都大飯店的規模屬於中小型，地點條件與周邊環境都不是最理想，所以更必須在困境中，建立自己獨特的市場風格和經營模式，所以建議採取Boutique Hotel 的方式來經營。

產品

1.建築規劃

客房數量以300單位為基準，但配合市場行銷需要，建議合併後側較小的客房，作為「工作室套房」（Studio)形態，並配合適量的套房（Suite），總客房數為247間（1979)。(目前為200間）

客務方面，為配合市場特色的營運，其接待及服務的方式，迄今仍為台灣地區獨特風格的運作模式，就是將一般聯合作業的「接待」（Reception)「門房」（Concierge) 和「收銀」（Cashier)三個部門分開，在效率和人力成本上，比正常稍高，但在旅館的體驗和服務方面，仍然使人感到最滿意和最有人情味，因為旅館產業正是販賣「個人服務」的勞務，這就是歐洲式「精緻旅館」（Boutique Hotel) 的經營風格，但其後場仍為聯合的管理方式。

餐飲方面，配合歐美市場對象需要，並可在台北地區獨樹一格的歐式餐飲服務，二樓以正宗法國菜為主，配以中型酒吧和阿拉伯餐廳，並附設小型舞台表演歌舞。（目前酒吧改為商務中心；阿拉伯餐廳改為中東風格的酒吧）一樓為「巴賽麗之鄉」餐廳（La Brasserie ），其經營風格介於咖啡廳與正式餐廳之間，一般稱為歐洲大陸式餐廳（Continental Restaurant) ，並附設小型酒吧。

地下一層的中式餐廳，以歐美旅客眼中的Chinese Restaurant 來表現。歐美客人生活經驗中的「中國菜」，是東方高貴的佳餚，精緻的美食，所以以精緻、高級的印象展現。

2.經營管理

高級幹部：為建立歐洲Boutique Hotel 的市場風格目標，籌備期間除人力、財物、工程及採購為本地菁英之外，其他幹部全部來自歐洲和海外各地，共26人之多。這樣的強勢奠定經營運作模式，才有今日的成果和收穫。

人力資源的開發，依據早期台北希爾頓飯店的經驗，人力資源的開發和運作，就是服務業永續經營的能源。旅館籌備期間，成立The Ritz Hotel Institute，對內培訓旅館中級幹部和員工，對外招訓同業幹部，他們的口號是：The Responsibility of Being the Best。目前國內許多頂尖旅館的高級幹部，幾乎都得自Mr. Barba 在希爾頓或亞都的栽培出來的。

3. 客層消費

氣氛(Ambiance):以法國1930年代流行的藝術風格Art Deco 作為整體建築裝修的包裝，和氣氛的營造。造型方面以幾何形線條或菱形圖案重複和層次變化，加上一些裝飾性的修飾，從建築物外觀、內部裝修、布巾圖案、生財器具等；色彩方面以黑、白、灰銀、粉橙等為主，間接照明效果，氣氛高雅獨特、柔和，適合Boutique Hotel的表現。（紐約帝國大廈即為Art Deco 代表性的風格設計）

服務(Service)，以嚴格的訓練和精密的管理，展現在客人面前的就是最專業、最細膩的服務表現。使旅客從客務、房務到餐廳、酒吧、都是最嚴謹、親切的感受。因為服務業的售價（Price）就是「Cost + Service 」。

形象塑造
1. 公共關係

籌備期間利用餐飲訓練的成果，以筵席作為公共關係的媒介的，也達到公共關係的建立，也使員工提早達到定位訓練的目的，將公關費用與訓練經費合併運用。這種餐飲訓練和定位實習幾乎長達三個月之久。

配合旅館市場政策，常與航空公司聯合舉辦企業性活動，期間邀請國內具有國際關係業務的公司參與，以達到公司形象建立與推廣的目的。

2.廣告

配合旅館市場政策，以國外商務或航空雜誌廣告為主，推廣旅館的

獨特風格

　　訴求主題:台灣地區唯一的,為
歐美商務人士提供與歐美同級的住
宿和餐飲服務,如同家庭一樣的溫
馨和親切。

3.推廣

　　直接參與歐美當地旅遊推廣活
動,或旅遊展覽。

　　經常主動參與亞太地區旅遊事務
服務活動,並提供各種服務工作。

4.行銷

　　於歐美航空轉運的前哨站,例
如:新加坡、東京等地設立業務代
表或代理店,以接待服務轉機來台
的客商。

　　與國內外經常往來國際業務或事
務公司,簽訂各種不同基數客房數
量的批發合同,並提供各種行銷服
務,例如:每月固定時間舉辦館內
旅館交誼活動;旅館的重要紀念
日、生日或其他活動等,提供贈
品、禮物或免費招待餐飲活動等。

　　除非預先預約協調和確認,為確
定市場風格和定位,不接受超過五
人以上團體訂房。(經營政策以
FIT為主)

市場效應探討

　　亞都大飯店的開發迄今已經進入
第四個五年,在市場定位策略的執
行上,已經呈現市場區隔的效果,
是台灣地區第一家加入A Member
of the Leading Hotel of the
World,其「市場定位及客務接待
關係」的作法,在台灣以至國外的
旅館市場開發過程中,開發構想的
作法,至目前為止仍是全新且值得
探討的課題。

市場定位

　　無論任何時機來投資開發旅館產
業,一定要對未來市場自我評估一
番,其中包括兩個要件:第一,主
觀的市場政策和開發企圖,即是自
我定位和產品特色及市場區隔;第
二是客觀的自我條件的審慎評估,
從中尋找配合主觀條件的突破,亞
都大飯店在這方面於開發之初的作
法,才造成今日的商品特色與市場
區隔效果。目前我們很容易的看
到,與亞都大飯店同時期開幕的許
多在台北市的旅館,無論其規模和
投資額的多寡,都沒有做明確的市
場分析和評估,只是以一般的事業
投資心態,從事旅館所謂「建設」
而已,在市場不足的情況下,尚無
法看到其重大的差異,但長期的營
運之後,從第一個五年階段,就可
以看出他們的市場形象區隔和平均
房價的差異了。這就是市場定位的
重要課題和問題核心的所在。

客務接待關係

客務關係的櫃台管理作業，世界各國一直都受到三〇年代美國Mr. Desaussure Jr.所寫的《旅館前台事務與設備》的影響，經過六十多年來，雖然也酌對旅客的需求和科技的進步，做了一些適當的調整和增添設備，但其基本作業方式迄今仍然沿用「聯合櫃台」的作業方式，以求工作高效率、服務高品質。

亞都飯店的客務接待方式，是當時Mr. Barba 提出市場定位構想後，一直想要突破的問題。Mr. Barba 將旅館經營形態分為三類：國際連鎖形態(Chain Hotel)；本土化經營形態(Local Hotel)和模仿國際連鎖經營形態(Copy Hotel)，而亞都飯店就是一家標準的Copy Hotel。（詳見第二章「旅館產業的分類」）而在營運上以都會區隔的精緻旅館的方式來表現，客務的接待關係就是表現重點。

1.訂房作業

配合市場定位的經營政策，訂房作業是業務推廣和行銷的成果重點，平均旅客訂房的使用率平均幾達60%以上，有某些月份的某些日期，甚至常有超訂(Over Booking)的現象。既然旅客多以訂房為主，則旅客對旅館產生「歸屬感」，旅館必須建立詳細的旅客資料，和他們對於旅館住宿的習慣和癖好，以求達到服務時巨細靡遺，賓至如歸。因為都是從歐洲或美洲來的客人，其旅途勞頓可想而知，沿途無論搭飛機、住旅館、出入境等，繁文縟節已夠勞累，所以當旅客進入亞都飯店時，要使他感到已經「到家」的感覺，進入旅館首先看到的是接待的「家人」笑面迎人和親切的招呼請您入座，若是初次蒞臨，僅需報上大名就由接待的「副理」拿著旅客資料，引導旅客直接上樓進入客房後，稍息片刻核對資料無誤，請旅客簽字即可完成登記手續；大多數熟面孔的旅客（因為重複住宿旅客居多），則直接接待至客房簽字即可，所以旅客進入旅館僅看到「接待」檯子，如同家裡的「傢具」一樣的人性化和親切感；而不是一般旅館高高的櫃台，冷冰冰的「公務」和「效率」感。所以亞都飯店的接待Reception，僅執行「接待」和「登記」的Check-in作業。

2.門房管理

門房管理的Concicrge，設置於接待的斜對面，專門負責住宿中旅客的一切服務，例如：信息保管和聯繫、門房鑰匙的保管、行李搬運服務、旅遊和娛樂的資訊服務、郵電服務…等。是旅客「家外之家」的

門房管家。

　　前收銀Front Cashier 與門房較爲接近，成犄角之勢但稍隱密，通常都會區的商務旅館，每日遷入和遷出的旅客，約爲客房數的三分之一，遷入時間大多爲午後四時以後（有時配合國際航班到達時間），五至七時爲最忙時段；而遷出的時段多爲每天上午七至九時，也有配合航班或長途客運班車。以亞都的規模，前台收銀二處作業即可，並兼外幣兌換及貴重保管作業，爲達到使客人「財不露白」的私密性效果，收銀台設計的視覺遮蔽效果效果必須仔細考量的。

　　亞都大飯店的地理位置並不是非常理想，在同一時期當中，因應客房市場短缺，台北市一窩風的多出2500間客房，在同業未來的激烈競爭當中，從主客觀的條件上，尋找自己未來的市場定位，並且確切的執行此一政策，以致於達到今日的市場形象和區隔，整體來說是受到國內外一致的肯定。因應這種市場政策，才有這種「接待」、「門房」和「收銀」三段式的前台管理方式，迄今僅有西華飯店有類似的服務方式，但又因某些市場定位條件和硬體設施的不同，其服務精神並不完全相同但對台灣的旅館市場經營形態上來說是有其正面意義的。

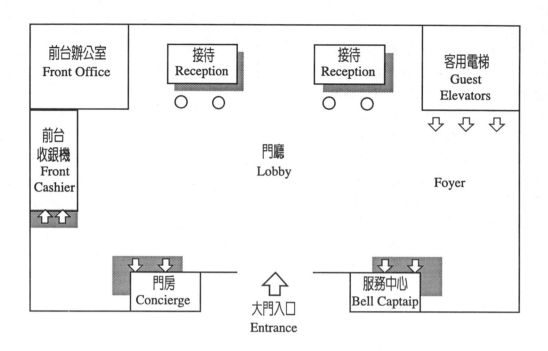

附　錄　二

旅館產業的開發與規劃
案例以各國大飯店為例

Grand Hyatt Hotel, Bali
巴厘島凱悅大飯店

案 例 一

旅館名稱
Grand Hyatt Hotel, Bali
巴厘島凱悅大飯店
Galleria Retail/Cultural Center

旅館地點
Nusa Dua, Bali, Indonesia
印尼巴厘島

業主
P. T. Wynncor Bali

規劃設計
Wimberly Allison Tong & Goo,
Architects and Planners,
Hononunu, U.S.A.

設計概念
表現巴厘島民族傳統風格之建
築物及熱帶庭園景觀,提供旅
客文化、休閒、購物的綜合環
境。

基地面積
40英畝(≒161,870㎡)為旅館
基地
27英畝(≒109,260㎡)為其他
綜合區

旅館設施

客房

四個建築群共有 750 間客房。包括：35 間套房，4 棟豪華別墅

餐飲

※Pasar Senggol　巴厘夜市形態，提供用餐與民族文化表演

※Nelayan Cafe　海鮮餐廳

※Mei Yan　粵式中國餐廳

※Inagiku　日式鐵板燒、天婦羅、火鍋

※Salsa Verde　義大利式休閒飲料及特餐

※Watercourt Cafe　巴厘式地方傳統料理

※Pesona Lounge　大廳酒吧

※Lila Cita　池畔酒吧

會議

※Grand Ballroom　780人會議廳

※Meeting Room　8 間

※Boardroom　2 間

休閒

※室外設施：

游泳池 4處　網球場 3面

海灘 650米（獨木舟、風浪板、衝浪板、滑水道…等）

高爾夫推桿果嶺

※室內設施：

健康中心　健身房、綜合溫泉、按摩室

回力球場　2處

兒童活動中心

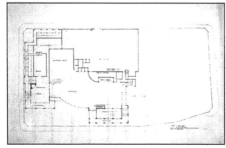

The Sheraton Hobart Hotel

案 例 二

旅館名稱
The Sheraton Hobart Hotel

旅館地點
Hobart - Tasmania, Autralia

業主
Tasmania State Government / G.H.D.
Planner West Property, Ltd.

規劃設計
Wimberly Allison Tong & Goo,
Architects and Planners, Hononunu,
U.S.A.

建築樓層
地上十三層
地下一層

旅館設施
客房
250 間

餐飲
※The Atrium Lounge　羅馬劇場式
　大廳酒廊，港口遊艇景觀
※Gazebo Coffee Shop　咖啡廳，
　以歷史性主題表現
※Sullivans　主餐廳

會議
※1 ballroom 及可容納 825 人的會
　議設施

休閒
※Crystal Palace　桶狀栱型屋頂，
　太陽能游泳池

設計概念

為澳洲南方的離島，早期開發期間設有監獄，今已經廢止，並開發為渡假休閒聖地，設有遊艇港口。本案旅館建於港口遊艇碼頭邊，海港景觀地標及國際會議中心（尤其針對澳洲及日本）。所以在規劃時，設置三層樓高的大型玻璃帷幕，將戶外景觀引入室內；而佇立於港邊或海上，旅館建築以當代設計語彙表現，結合原有歷史性環境，並完全使用當地的磚瓦石材及布料等建築材料，配合港口環境及建築物水中倒影景色，充分表現 Tasmania 島地域性的景觀特色。

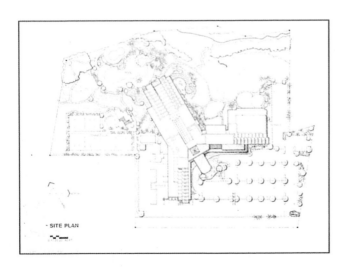

SITE PLAN

Guam Palace Hotel

案 例 三

旅館名稱
Guam Palace Hotel

旅館地點
Tamuning, Guam,
U. S. A.

業主
Palace Hotel Co. Ltd.
Tokyo, Japan

規劃設計
觀光企劃設計社
Tokyo, Japan
Taniguchi-Ruth and
Smith Associate (Site
Supervision)
Hirsch/Bedner and

Associates (Interior)
石勝　Exterior
(Landscape)

基地面積
60,221m²

樓地板面積
34,692m²

建築樓層
地上十一層，地下一
層（可連通戶外庭園）

旅館設施
客房
※403 間（套房 8，總
統套房 1）

餐飲
※Coffee Shop
※Lobby Bar
※Chinese Restaurant
※Japanese Restaurant
※Grill Room
會議
※Ballroom
※Meeting Room　3
休閒
※戶外：游泳池、滑
　水道、慢跑步道、
　衝浪板、風浪板、
　網球場 3
※其他：旅遊服務專
　櫃、免稅商店

設計概念

　　以旅客享受休閒渡假和高品質的休閒設施為市場定位取向，配合南太平洋北部馬利亞那群島的核心—關島，突出海岬的地形和美麗的珊瑚礁與熱帶氣候環境，規劃出市場定位的產品。

規劃說明

　　旅館基地為向西南方向突出的海岬的丘陵上，海洋景觀為客房景窗的賣點，所以設計上將客房的配置做不等邊的Y型，並自上而下作規則運律錐形階梯狀，使每一間客房均能由落地窗與陽台欣賞到旭日東昇和夕陽西下的美麗景色。

　　周邊地形相配稍感緊張，熱帶休閒設施計畫以空間與自然要素演出的例子很多，但是旅館規劃重點以積極性的設計為要點，使建築架構顯得輕巧則可以與環境景觀結合，以幾何狀直線語彙作戲劇式的表現。客房樓層階梯狀塔中，天篷為採光罩自上面撒下陽光，照耀著挑空中庭的水與綠。而流水與綠水即為基層建築（一層和地下一層）配置著中式餐廳、宴會廳、法國餐廳、日式餐廳及咖啡廳等服務區，以迴廊和寬敞的樓梯與門廳連接。

　　在庭園配置上，自一層咖啡廳外

側向岬角延伸處，規劃一處不規則形狀的游泳池，配合地形景觀設計假山作為機房、更衣和廁所、洞窟酒吧等設施，與自然環境結合。網球場設於最低層基地與馬路同高。綠色植栽配合地形變化，自庭園空地一直延伸穿越基層與建築物中庭，至網球場邊。

　　一層的配置規劃非常流暢，視覺效果也很通達，以落地窗將四周的自然環境景觀引入室內，蔚藍的海洋就在眼前，天篷的採光罩引進陽光，配合室內中庭的綠色佈置和休閒傢具，使人感到悠閒與放鬆的心情，這就是渡假的目的。

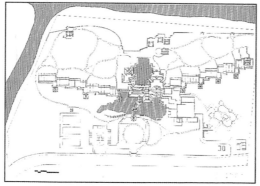

Le Sofitel Imperial Hotel

案 例 四

旅館名稱
Le Sofitel Imperial Hotel

旅館地點
Wolmar, Black River,
Mauritius

業主
Rich Sand Hotel Ltd.
Taipei. R . O . C .

規劃設計
Maurice Giraud,
Architect, Mauritius
Maurice Design Ltd. Mauritius
Anthony Yao's Design House,
Taipei, R. O. C.
Garden Creater Co., Ltd. Osaka,
Japan

設計概念
以非洲土著的受法國殖民地影響之
傳統木架構建築，及其檐口滴水板
的裝飾，開放式的走廊，直接可以
感受到南印度洋回歸線氣候信風的
環境。

基地面積
18 英畝（72,843m²），海灘 330 米

樓地板面積
±21,000m²

建築樓層
地上三層

旅館設施
客房
143 間

餐飲
※ Major Restaurant
※ Main Bar
※ Lobby Lounge
※ Pool Side Bar

休閒
※ 室外設施
　游泳池　1　網球場　3　高爾
　夫推桿果嶺　民俗表演場
※ 海上活動設施
　遊艇、風浪板等出租

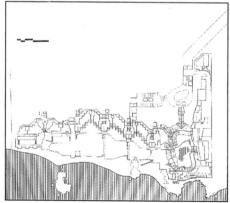

Le Royal Plam Hotel

案 例 五

旅館名稱
Le Royal Plam Hotel
旅館地點
Mauritius
業主
Beachcomber Ltd.
規劃設計
Maurice Giraud, Architect,
Mauritius
設計概念
利用珊瑚礁沿海岸的特
色，將旅館建築作成三群梯形配置，其正面
均朝向海面。前面入口大廳、前台、餐廳及
酒吧爲主要建築，做雙弧形包圍配置，中
央爲游泳池。客房群末端爲高級套房區。
建築風格採用非洲原住民茅屋形式。

基地面積
15英畝（約60,700m²），海岸沙灘長度
250米。
樓地板面積
±12,300m²
建築樓層
2層建築。
旅館設施
客房 82間
餐飲 Major Restaurant and Main Bar
休閒 游泳池、健身房及沙灘海水浴場

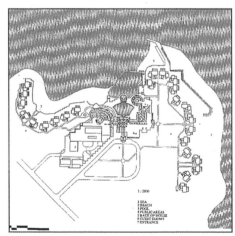

1:2000

1 SPA
2 BEACH
3 POOL
4 PUBLIC AREAS
5 BACK OF HOUSE
6 GUEST ROOMS
7 ENTRANCE

Le Shandrani Hotel

案 例 六

站在大廳向游泳池望去,天上的雲彩都輝映在水面上。客房分布於主建築的兩翼,配合海岸地形均面朝海上做弧型或星散型羅列配置,為二層樓獨立式小屋建築(Bungalow)。

旅館名稱
Le Shandrani Hotel

旅館地點
Mauritius

業主
Beachcomber Ltd.

規劃設計
Maurice Giraud, Architect, Mauritius

設計概念
市場定位以歐洲旅客的多天渡假為主。入口主建築群配置大廳、接待前台、辦公室、餐廳及酒吧。大廳後面緊臨接著大型游泳池二處,做上下層階梯狀,一直延伸到海邊,

基地面積
46英畝(≒186,155m²),海灘450米

樓地板面積
±22,000m²

建築樓層
2層建築

旅館設施

客房
181間

餐飲
※Major Restaurant 2 and Main Bar

休閒
游泳池、健身房、網球場及海灘海水浴場

Hotel Royal Taipei

老爺大酒店

案 例 七

旅館名稱
Hotel Royal Taipei
老爺大酒店
旅館地點
台北市中山北路二段
37 號
業主
互助營造公司
規劃設計
Anthony Yao's Design
House
姚德雄設計顧問社
Taipei, R.O.C.
Ogawa Ferre Duthilleul
Decoration
Architecture D'interie-
ur, Paris, France.
陳憲昭建築師事務所
Taipei, R.O.C.

設計概念
設定高層市場取向定
位，以精緻設施、親
切服務和人性管理作
爲內部理性訴求。以
巴洛克裝飾主義＋理
性主義的綜合表現，
明亮、朝氣作爲感性
包裝。
基地面積
1,332.96m²
建築面積
775.10m²
樓地板面積
16,203.30m²
建築樓層
地上十二層
地下三層
旅館設施
客房
203間（套房20間）

餐飲
※Cafe　咖啡廳
※Les Celebrites
　法國餐廳
※Nakayama
　日本料理
※Ming Court
　明宮粵式餐廳
會議
※Conference Rooms 7
休閒
游泳池，健身房，三
溫暖
其他
商務中心，免稅商店

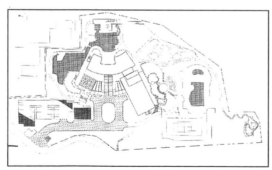

Hotel Royal Chihpen

知本老爺大酒店

案 例 八

基地面積　　27,768m²
建築面積　　26,623m²
樓地板面積　15,953m²
建築樓層　　地上七層，地下一層
旅館設施
客房　182間（套房28間）
餐飲
※Naruwan Restaurant　自助餐廳
※Dadala Cafe　燒烤餐廳
※Lobby Lounge　大廳酒吧
※Main Bar　MTV 酒吧
會議
※Banquet & Conference 3
休閒
※室內：溫泉浴場，按摩室，健身
　　房，三溫暖，健診室，娛樂室，
　　兒童圖書室，KTV
※室外：游泳池，露天溫泉，網球
　　場，射箭場，兒童遊戲場
其他　商店街，旅遊服務

旅館名稱
Hotel Royal Chihpen
知本老爺大酒店
旅館地點
台東縣卑南鄉溫泉村
業主
互豐育樂事業股份有限公司
規劃設計
Anthony Yao's Design House
姚德雄設計顧問社 Taipei,
R.O.C.
Garden Creater Co. Ltd.
Osaka, Japan
三大建築師事務所　Taipei,
R.O.C.
設計概念
以溫泉、東台灣的環境資源
和原住民族的文化特色，構
成強烈的商品區隔，也創造
出市場定位，作為本案的
「原創性」原動力。

規劃說明

本案的商品主力為「客房」，而市場的號召原創性為「溫泉的洗澡文化、原住民文化及東台灣青山綠水、碧海藍天的自然景觀資源」。

一樓的迎賓門廳前後以落地窗及天篷使用採光罩，將周遭的庭園景觀及陽光引入廳內，使旅客勞頓的心情放鬆並接近自然。接待的前台與客用電梯、服務中心成視線犄角配置，可以掌握客人動態與提供服務。

主要餐廳二處，設於門廳兩翼；Lounge 設於門廳中央後段，透過落地窗可優游自在的欣賞四周景色。

二樓設置大型男女溫泉浴場，表現洗澡文化的各種功能特色。如：三溫暖、全身按摩淋浴、冷水浴、溫泉浴、按摩泡沫浴、坐式淋浴、打瀨浴（灌頂式沖水浴）、日光浴等各種設施。外側設置健康飲料酒吧及休息室，並附設健診中心。

客房配置於二樓一部份及三樓以上全部，公有各式客房182間。標準客房154間、豪華客房2間、西式套房8間、日式套房18間。每間浴室均設有溫泉浴池，長135cm×寬90cm×深60cm可供二人同時泡澡。旁邊另設有冷熱水的低式淋浴，供洗淨身體後在泡溫泉浴。

地下一樓為會議室、室內娛樂等公共交誼設施的前場(Front of the House)，及各種機房、員工用室、倉庫和辦公室(Back of the House)。整體動線的連貫，以三部電梯串聯。

庭園面積達25.145m²，配合溫泉渡假旅館規劃許多周邊設施：溫水游泳池、兒童游泳池、池畔酒吧、露天溫泉浴場（男女分開）網球場、露天劇場（400座位）、兒童遊戲場、射箭場、白石瀑布、荷花池、露天燒烤餐廳及停車場。

旅館的整體感性包裝，以原住民卑南族圖騰的語彙來表現，許多場所以這種慨念發展出來，如阿美族的陶祭器作為檯燈；排灣族的木雕裝飾床頭、前台、餐廳及浴場；卑南族的刺繡作為布巾、地毯、外牆瓷磚等裝飾；雅美族的船飾與聯想發展為餐廳的特徵。

觀光叢書

旅館產業的開發與規劃

作　　者／姚德雄
出　版　者／揚智文化事業股份有限公司
發　行　人／葉忠賢
總　編　輯／閻富萍
地　　址／新北市深坑區北深路三段 260 號 8 樓
電　　話／(02)8662-6826
傳　　真／(02)2664-7633
網　　址／http://www.ycrc.com.tw
　E-mail ／ service@ycrc.com.tw
　I S B N ／ 978-957-844-613-7
初版一刷／ 1997 年 6 月
初版六刷／ 2016 年 3 月
定　　價／新台幣 550 元

國家圖書館出版品預行編目（CIP）資料

旅館產業的開發與規劃 / 姚德雄著. -- 初版.
-- 臺北市 ：揚智文化, 1997[民 86]
面 ； 公分

ISBN 978-957-8446-13-7(精裝)

1.旅館-營業-管理

489.2　　　　　　　　　　86003799